国家自然科学基金青年科学基金项目(51904144)资助
国家自然科学基金面上项目(51874166)资助

煤层瓦斯运移规律研究中的
智能数据处理

吕　伏　冯永安　王　雷　著

中国矿业大学出版社
·徐州·

内 容 提 要

煤层瓦斯运移规律是煤层气资源开采中的关键问题。本书以煤层瓦斯运移规律研究为主线,按照从微细观到宏观的次序,详细介绍了煤层瓦斯的赋存状态、运移规律以及抽采设计研究中采用的智能数据处理方法。主要包括数字煤岩图像处理算法、求解最小二乘问题的智能优化算法、病态线性方程组的求解方法以及多元统计分析方法等。本书可供相关专业的科研及工程技术人员参考使用。

图书在版编目(CIP)数据

煤层瓦斯运移规律研究中的智能数据处理 / 吕伏,
冯永安,王雷著. —徐州:中国矿业大学出版社,
2023.5

ISBN 978 - 7 - 5646 - 5825 - 0

Ⅰ. ①煤… Ⅱ. ①吕… ②冯… ③王… Ⅲ. ①煤层瓦
斯—瓦斯渗透—渗流力学—数据处理 Ⅳ. ①TD712

中国国家版本馆 CIP 数据核字(2023)第 083443 号

书　　名 煤层瓦斯运移规律研究中的智能数据处理
著　　者 吕　伏　冯永安　王　雷
责任编辑 杨　洋
出版发行 中国矿业大学出版社有限责任公司
　　　　 (江苏省徐州市解放南路　邮编 221008)
营销热线 (0516)83885370　83884103
出版服务 (0516)83995789　83884920
网　　址 http://www.cumtp.com　E-mail:cumtpvip@cumtp.com
印　　刷 江苏凤凰数码印务有限公司
开　　本 787 mm×1092 mm　1/16　**印张** 8　**字数** 204 千字
版次印次 2023 年 5 月第 1 版　2023 年 5 月第 1 次印刷
定　　价 48.00 元

(图书出现印装质量问题,本社负责调换)

前　言

　　煤体是一种具有复杂孔、裂隙结构的多孔介质，瓦斯在其中的赋存和运移规律，是影响煤层瓦斯抽采率的关键问题。已有研究往往采用理论分析、实验室试验和现场测试等方法互相配合，其涉及理论模型数值求解以及大量高维多类型的试验和测试数据的分析等问题，均需要智能、高效的数据处理方法。

　　本书从煤层瓦斯的赋存状态入手，对煤样开展扫描电镜试验，采用数字图像处理的方法，分析煤体的孔、裂隙结构；构造了受外加荷载和气体孔隙压力影响的渗透率函数，反映瓦斯在煤体中的渗流规律，从而将可变形多孔介质渗透性的测量归结为微分方程参数未知的反问题，并将其转化为非线性超定方程组优化求解的数学问题，基于改进的遗传初值高斯-牛顿法识别了未知参数；通过按时间分段线性近似，将氮气在煤体中运移的控制方程转化为含有非齐次源项的抛物型方程，结合初值、边值以及附加条件，并采用基本解结合吉洪诺夫（Tikhnonov）正则化方法，识别了方程的非齐次源汇项；对于可以获得大量统计数据的工作面，基于主成分分析和多步线性回归方法，建立了煤层瓦斯涌出量预测模型，编制了计算程序，实现了多个回采工作面煤层瓦斯涌出量的准确预测；基于因子分析方法，建立了以煤层抽放难易程度、突出危险性及瓦斯涌出量为核心因子的瓦斯抽采方法选择模型。

　　全书共包括 7 章内容，各章撰写分工如下：第 1 章由吕伏和王雷共同撰写，其中 1.2.3 由王雷撰写，其余部分由吕伏撰写；第 2 章由吕伏和冯永安共同撰写；第 3 章至第 7 章由吕伏撰写；书中算法的代码编写及软件开发均由吕伏和冯永安共同完成；书中的现场数据由王雷提供，由吕伏整理。

　　感谢国家自然科学基金青年科学基金项目（51904144）和国家自然科学基金面上项目（51874166）的资助。

　　受限于作者水平，书中难免存在不足之处，敬请读者批评指正。

作　者

2022 年 10 月

目　　录

第 1 章　绪　　论

1.1　研究背景及意义

作为一种伴生能源，相较于煤炭、石油等化石能源，瓦斯具有清洁、高效的特点。据测算，全国的煤层气总资源量相当于常规天然气的储量[1]。合理利用资源，实现煤与瓦斯的安全、高效和绿色共采，是煤炭开采的发展趋势，也是解决能源和环境问题的关键。

自然状态下，瓦斯以游离态、吸附态和固溶态等形态赋存于煤体中[2]。其中以吸附态赋存的瓦斯占瓦斯含量的 90％ 以上[3-4]，是煤炭开采过程中瓦斯产生的主要来源。

随着煤矿开采深度的增加，煤层所受到的煤岩压力和瓦斯原始压力越来越大，已开采的邻近层等因素也会影响煤层应力，致使煤层的应力情况日趋复杂。应力作用下，煤体会产生变形，并且在采动的影响下，开采煤层的应力重新分布，使得瓦斯在煤体中的渗流呈现出复杂的变化规律。又由于煤对瓦斯的吸附作用[5]，所以瓦斯在煤体中的渗流规律不同于非吸附性气体[6]。在煤层瓦斯抽采过程中，煤体裂隙中赋存的游离态瓦斯在压力梯度的作用下渗流进入抽采井（孔），构成了煤层抽采瓦斯的源。与此同时，在渗流的影响下，裂隙临近区域煤体中的吸附态瓦斯解吸，解吸后的瓦斯在浓度梯度作用下扩散进入裂隙，成为瓦斯渗流的源汇补充。渗流影响下的抽采孔中瓦斯的流动规律影响瓦斯涌出，直接关系煤炭开采的安全和资源的合理利用。与此同时，抽采井（孔）中瓦斯的浓度及压力分布又会影响煤体裂隙中瓦斯的渗流，裂隙中瓦斯的压力也会影响孔隙中吸附态瓦斯的解吸扩散[7-8]。

煤基质中瓦斯的扩散和裂隙中瓦斯的渗流是影响煤层气产量的主要因素[9-10]。在深部开采煤层中孔隙和裂隙同时存在，受复杂的应力影响，瓦斯在煤体中的吸附解吸、扩散和渗流等运移模式并存并相互影响。在此种情况下，瓦斯的运移机理和不同运移模式之间的相互作用直接关系瓦斯涌出规律，影响煤层瓦斯抽采方法的选择。

煤层瓦斯运移规律是煤与瓦斯共采过程中需要识别的关键，长期以来相关学者采用理论分析、实验室试验、现场试验和现场测试等不同方法展开了一系列研究，取得了卓有成效的研究成果。在煤层瓦斯运移规律研究的各个阶段，涉及各种类型的数据分析和数学模型求解，均需要智能数据处理方法。因而高效的智能数据处理方法，对于丰富煤层瓦斯运移理论，提高煤层瓦斯抽采率，减轻或避免煤炭开采过程中的瓦斯灾害发生，避免环境污染及解决天然气资源不足，均具有重要意义。

1.2　研究现状

瓦斯是煤炭生成过程中的伴生物。煤体的物理构造直接影响瓦斯的赋存和运移。在煤炭开采过程中,瓦斯在煤体中的赋存状态及不同状态之间的相互转化,导致瓦斯在煤体中运移,从而造成瓦斯的涌出,是发生煤与瓦斯突出等瓦斯事故的主要根源。本节主要总结煤层瓦斯运移规律、反分析方法、瓦斯抽采方法选择依据、煤与瓦斯突出危险以及抽放难易程度判断几个方面的研究现状,为本书后续研究奠定基础。

1.2.1 煤层瓦斯运移规律

1.2.1.1 瓦斯在煤体中的解吸扩散和渗流

(1) 煤层瓦斯运移的吸附-解吸-扩散-渗流观点

围绕瓦斯在煤体孔、裂隙中的吸附、解吸、扩散和渗流,国内外学者借助实验室瓦斯吸附解吸试验和三轴瓦斯渗流试验进行了深入的研究,研究结果基本证实煤体的可变形特性和煤对瓦斯的吸附作用均会影响瓦斯在煤体中的运移规律[11-13]。

何学秋等[14]详细分析了瓦斯在煤体孔隙中的扩散模式和微观机理并指出:考虑煤体中微孔的尺寸与甲烷气体分子的平均自由程为同一数量级,认为微孔中的甲烷气体进入裂隙是通过扩散的运移方式;而在裂隙中的运移方式为遵循达西定律的渗透。张力等[15]假设煤层中的吸附态瓦斯在孔隙中发生服从菲克定律的扩散,游离态瓦斯按达西定律在裂隙中渗流,将两个介质系统之间的质量交换看作均布的内质量源,在此基础上建立了煤层气扩散渗流的物理数学模型,并对一维的情况进行有限差分的数值求解。唐巨鹏等[5]在加载和卸载条件下,开展了瓦斯在煤样中的吸附、解吸以及渗透试验。该试验利用自主设计的三轴瓦斯渗透仪,保持固定的轴压,分别使孔压和围压变化,测量了煤样的渗透率、瓦斯的解吸量及解吸时间。通过对试验数据的整理分析,得出了瓦斯的运移是吸附解吸、扩散、渗流共同作用的结果。魏建平等[16]在裂隙平板模型假设的基础上,推导出了瓦斯的解吸、扩散及渗流过程中煤体渗透率的变化关系,得到了渗透率动态演化模型,考虑了煤体的表面化学作用引起的基质收缩以及有效应力增大等因素的影响,并研究了瓦斯的吸附对煤体有效应力、孔隙率及渗透特性的影响[17-20]。关于瓦斯在外力影响下在煤体中按照解吸扩散和渗流运移交互作用的方式运移,基本达成共识,解吸-扩散-渗流的观点逐渐为广大研究者接受并成为一些学者研究瓦斯在煤体中运移规律的前提假设[21-22]。

(2) 瓦斯在煤体中的扩散

关于瓦斯在煤体中的扩散,R. M. Barrer[23]研究了天然气在多孔介质中的扩散,给出了扩散率的计算公式,为测定瓦斯含量过程中计算瓦斯损失量提供了依据。E. Ruckenstein 等[24]认为瓦斯以双指数模型进行扩散,A. J. Fletcher 等[25]认为瓦斯按线性驱动模型扩散。

杨其銮等[26]从气体扩散角度研究瓦斯在煤层中的流动,将赋存于裂隙、大孔和中孔中的游离瓦斯运移看作渗流过程,而将赋存于微孔隙和微观裂纹表面的吸附瓦斯的解吸运移看作扩散过程,认为符合菲克扩散定律,并借助热传导方程的解法求得了煤屑瓦斯扩散方程的理论解,计算结果和阳泉一矿煤屑瓦斯涌出规律符合得较好。

聂百胜等[27]分析了煤孔隙中瓦斯的扩散机理,得出了瓦斯在煤体中的几种扩散模式(菲克扩散、诺森扩散、过渡扩散、表面扩散和晶体扩散),在此基础上,对影响瓦斯扩散的因素以及各种扩散模式的适用条件进行了分析。王恩元等[28]分析了煤体中瓦斯的吸附过程及其动力学原理,得出了瓦斯在煤体中的运移是吸附、解吸、扩散和渗流并存的综合动态过程,并且该过程会受到外加荷载、气体压力以及温度等因素的影响的结论。郭勇义等[29]开展了煤粒瓦斯的扩散规律研究,给出了利用瓦斯的吸附、解吸试验结果计算扩散系数的具体方法。

在扩散模型方面,关于瓦斯在煤粒/煤屑中的扩散过程,最常用的模型为单孔扩散模型和双孔扩散模型。

单孔扩散模型将煤假设为均匀孔隙结构,瓦斯在煤中扩散时的菲克扩散系数为常数,该模型只涉及一个扩散系数,模型较为简单且应用最为广泛,但只对解吸扩散的早期阶段拟合较好[30-35]。

双孔扩散模型将煤假设为由大孔和小孔组成的双孔隙结构,瓦斯在煤中的扩散涉及在大孔中的扩散、小孔中的扩散以及大孔与小孔之间的质量交换,包括大孔扩散系数 D_a、小孔扩散系数 D_i 和无量纲常数 β 3 个参数,该模型比单孔模型的拟合效果更好,但由于涉及 3 个参数且参数的确定存在一定困难,模型应用没有单孔模型广泛[36-39]。

实际上,天然煤层由不同尺度的孔隙和裂隙组成,单一的渗流模型或扩散模型都有一定的局限性。

G. I. Barenblatt 等[40]于 1960 年提出了双重介质模型,将煤层分为裂隙和由裂隙切割而成的煤基质(煤基质中包含不同尺度的孔隙)两个部分,认为吸附态瓦斯主要储存于煤基质孔隙中,解吸后以扩散形式在孔隙中运移,到达裂隙后以渗流形式在裂隙中运移,将瓦斯的抽采过程统一为在孔隙、裂隙双重介质系统中的解吸、扩散、渗流过程。

吴世跃[41]于 1994 年对双重介质模型进行了系统阐述,即流体流动在孔隙系统中服从菲克定律,在裂隙系统中服从达西定律,并给出了初步的数学模型。之后吴世跃等[42]又于1999 年对该模型进行了修正,给出了模型求解的第三类边界条件,并注明了如何求解模型中的关键参数。

双重介质模型较好地描述了煤层的"孔隙-裂隙"结构及瓦斯的"解吸-扩散-渗流"过程,因此针对煤层中瓦斯流动过程的力学建模,目前应用最广泛的仍然是孔隙、裂隙双重介质模型。但是,在现有的双重介质模型中,由于扩散的空间过程无法表达,该模型引入质量交换率表征气体由孔隙扩散至裂隙的过程,引入吸附时间参数表征质量交换的速度[43-44]。

实际上,简单引入吸附时间和质量交换率并不能精确描述双重介质模型中的气体扩散过程。为此,林柏泉等[45]基于双重孔隙介质的假设,建立了应力场、渗流场和扩散场多场耦合模型,同时引入了随时间衰减的动态扩散系数,认为气体扩散系数的衰减系数对煤层内气体压力分布有较大影响,衰减系数越大,裂隙内瓦斯压力衰减得越快,基质孔隙内的瓦斯压力衰减得越慢。

刘泽源[46]通过试验数据对比,引入了以剩余率为基础的窜流项修正系数,假设试验用的堆积煤颗粒为极限形式的双重介质模型,解决了窜流项无法进行试验验证的问题,并进行了不同温度、不同压力、不同粒径和不同变质程度煤颗粒的解吸、扩散试验,验证了修正后窜流项在不同条件下的适用性,进而基于双重介质模型建立了煤层气解吸、扩散、渗流过程的气、固、热耦合模型。

(3)瓦斯在煤体中的渗流

关于瓦斯在煤体中的渗流,S. Hema 等[47]通过二氧化碳气体在煤样中的渗流试验,研究了围压对煤的渗透特性的影响。周世宁等[48]从渗流理论角度研究了瓦斯在煤层中的流动,将瓦斯在煤层中的流动看作流体在多孔介质中的渗流,认为瓦斯在煤层中的渗流符合达西定律,将煤层瓦斯流动划分为单向、径向和球向三种类型,并求解得到了均质和非均质煤层中瓦斯流动的微分方程式,他们的工作是早期煤层瓦斯运移理论研究之一。

尹光志等[49]通过进行突出和非突出型煤的全应力-应变瓦斯渗流试验,得出了两种煤型的煤样变形和瓦斯流量变化规律基本一致的结论。王登科等[50]自主研制了煤岩三轴蠕变-渗流-吸附解吸试验装置,并利用该装置进行了受载含瓦斯煤蠕变、渗流试验,研究了外加荷载作用下孔隙体积与煤样渗透率的变化规律。他们认为,外加荷载会影响煤体介质的孔隙结构,从而对瓦斯在煤体试件中的渗流产生影响。

孔隙压力会影响煤体介质对瓦斯气体的吸附作用,影响煤体介质的孔隙结构,从而也会影响瓦斯在煤体中的赋存状态及运移方式。刘延宝等[51]通过不同瓦斯压力下煤样的吸附膨胀变形试验,研究了煤样的吸附膨胀应力与瓦斯压力之间的关系。罗新荣[52]通过试验测得氮气、甲烷及二氧化碳气体在煤体试件中的渗透率,发现氮气的渗透率比甲烷的高 $20\% \sim 50\%$,二氧化碳的渗透率比甲烷的低约 20%。隆清明[53]测定了同一煤样在相同压差条件下吸附平衡前后煤样的渗透率变化,结果表明:煤样吸附瓦斯后,在相同的瓦斯压力条件下,渗透率比吸附前明显减小,幅度为 50% 左右;分别进行了甲烷、氮气及二氧化碳气体在煤体试件中的渗透试验,发现在相同应力和孔隙压力条件下,甲烷的渗透率低于氮气的,高于二氧化碳的。可见,煤对瓦斯的吸附作用,会对瓦斯在煤体试件中的渗流起到不容忽视的作用。

煤体介质所受的外加荷载及煤对瓦斯气体的吸附作用均会影响瓦斯在煤体中的扩散和渗流,宏观上,这种影响表现为瓦斯在煤体中的渗流呈现出随外加荷载及孔隙压力而变化[54]。尹光志等[55]进行了固定轴压、固定围压、不同的孔隙压力条件下的突出煤型煤试件瓦斯三轴渗透试验。试验结果表明:在轴压和围压一定的前提下,突出煤样的瓦斯渗透速度随瓦斯压力增大而增大,呈幂函数规律变化。曹树刚等[56]开展了原煤试件的同轴压、同围压、不同孔隙压力的三轴瓦斯渗透试验,研究结果表明:瓦斯的渗流速度随瓦斯压力增大而增大,渗流速度与瓦斯压力之间呈现显著的二次函数关系。W. H. Somerton 等[57]研究了裂纹煤体在三轴应力作用下对氮气及甲烷气体的渗透性,指出:随着地应力增大,煤层透气率按照指数关系减小。Y. S. Zhao 等[58]对三维应力条件下吸附作用和变形作用对煤岩体中瓦斯渗流规律的影响进行了试验研究,提出了孔隙裂隙双重介质非线性渗透率模型。尹光志等[59]基于自行研制的试验装置,通过对原煤试件的单调加载和不同初始应力状态加卸载条件下渗流特性的试验研究,得到了考虑瓦斯力学作用和瓦斯吸附作用的渗透率与有效应力之间关系的公式。许江等[60]开展了循环荷载作用下煤的变形及渗透特性的试验研究。X. X. Miao 等[61]通过试验研究了破碎煤岩在不同孔隙结构下的渗流特性。林伯泉等[62]对含瓦斯煤的力学特性、渗透特性和蠕变特性进行了系统研究,提出了瓦斯气体压力、煤体吸附性、煤体变质程度以及孔隙率与煤体变形之间的关系,研究了受荷载作用下瓦斯在煤样中的渗透特性,得出了煤样的渗透率与应力之间的关系。J. D. George 等[63]研究了考虑瓦斯吸附引起煤样膨胀变形的有效应力计算模型。孙培德[64]研究了应力和孔隙压力与煤层的瓦斯渗透率之间的关系,并得到以下结论:① 孔隙压力一定,煤层的渗透率随有效应力的增大而减小,随有效应力的减小而增大,二者呈负指数关系;② 当煤体骨架所承受的有效体积应力处于稳定状态时,渗透率随孔隙压力呈对数坐标下的抛物线形变化规律。W. C. Zhu 等[65-66]构建考虑 Klinkenberg 效应以及温度影响的数学模型,并通过 Comsol Multiphysics 软件数值模拟了这两种因素对气体在煤中运移规律的影响。常用的渗透率模型见表 1-1。

表 1-1　渗透率模型列表

提出者	渗透率模型
Gunter	$k = A e^{-a\sigma} + B e^{-\beta p}$
Evever	$k/k_0 = e^{-3c\Delta\sigma}$
林柏泉,周世宁	$k = a e^{-b\sigma}$ $k = k_0 \sigma^{-c}$
罗新荣	$k = k_\beta e^{-\beta(p-\rho)}$ $k = k_c (F-p)^{-c}$
鲜学富,谭学术	$k = k_0 e^{ap - \frac{b}{3}(\sigma_1 + 2\sigma_3)}$
孙培德	$k = a e^{b\sigma + cp - d\sigma p}$
卢平	$k = \dfrac{k_0}{1+\varepsilon_v}\left(1 + \dfrac{\varepsilon_v}{\varphi_0}\right)^3$
曹树刚	$k = \alpha p^2 + \beta p + \xi$
赵阳升	$k = k_0\, p^m\, e^{b\sigma - 3ap}$
李祥春,郭勇义,吴世跃	$k = \dfrac{k_0}{1+\varepsilon_v}\left(1 + \dfrac{\varepsilon_v - \varepsilon_p}{\varphi_0}\right)$ $k = \dfrac{k_0}{e^{-k\gamma\Delta\sigma}}\left(1 + \dfrac{e^{-k\gamma\Delta\sigma}-1}{\varphi_0} - \dfrac{\varepsilon_p}{\varphi_0}\right)$
隆清明	$k = \dfrac{0.02\mu QL}{F(p_1^2 - p_2^2)\left(1 + 16\mu c\sqrt{\dfrac{2RT}{\pi M}}\big/ w p_m\right)}$
王登科,魏建平	$k = \dfrac{r_0^2}{8} \dfrac{(\varphi_0 + \varepsilon_v)V_0 - a\lambda RT\ln(1 + b_1 p)}{(1+\varepsilon_v)V_0}$

以上学者的研究均已注意到煤体孔隙率会随着煤体骨架受到的轴压、围压及气体孔隙压力改变发生变化,从而导致瓦斯在煤体中的解吸扩散和渗流规律随之发生变化,在瓦斯运移的过程中,解吸扩散和渗流相互影响,共同作用,并通过分析给出了一定条件下的扩散和渗流的变化规律。在考虑受外加荷载和孔隙压力影响的煤层瓦斯运移规律时,通过理论分析得到的渗透率函数形式复杂,并含有多个待定参数。

基于解吸-扩散-渗流理论研究煤层瓦斯的运移规律,往往需要构建煤体的多重孔隙物理模型,瓦斯的解吸扩散和渗流之间的相互作用最终通过不同孔隙系统之间的质量交换实现。为准确地描述煤层瓦斯运移规律,煤的等效多孔物理结构模型由最初的以

Bumb[67]模型和Manik[68]模型为代表的单孔模型[69-70],逐渐发展出双重孔隙度模型[71-73]和三重孔隙度模型[74-75]。随着精度的提高,模型结构复杂度也急剧增大,随之而来的是巨大的存储和计算代价,并且扩散孔隙、渗透孔隙以及裂隙的物性参数的准确区分和获得存在一定的难度。

1.2.1.2 煤层瓦斯的涌出

关于煤层瓦斯的涌出规律,近年来国内外学者围绕煤矿瓦斯涌出量预测做了很多卓有成效的工作[76-78],为瓦斯的抽放设计提供了合理、有力的依据。矿山统计法、瓦斯地质数学模型法、多元统计分析法、时间序列分析法、模糊算法、神经遗传算法等不确定性应用数学方法均在瓦斯涌出量的预测上有着广泛应用。矿山统计法采用梯度预测法及一元回归分析法等研究矿井瓦斯涌出量随开采深度变化;瓦斯地质数学模型法[79]综合考虑了影响瓦斯涌出量的地质条件、开采深度以及开采方式等因素,采用数量化理论及多元统计分析等工具实现对矿井瓦斯涌出量的预测,但是该方法需要开采矿井大量的地质、开采方式及瓦斯涌出量等数据,且仅适用于同一矿井深部开采时的整体涌出量估计;统计分析及神经遗传等方法要求大量的原始数据并且数据间要有较强的相关性,应用范围也有相当的局限[80]。煤炭科学研究总院沈阳研究院经过多年的实践探索提出了分源预测法[81],并在多个矿的抽放设计中进行了应用,基本已成为煤矿瓦斯抽放设计的标准方法。由国家安全生产监督管理总局制定的安全行业标准《矿井瓦斯涌出量预测方法》(AQ 1018—2006)[82],规定了采用分源预测法与矿山统计法作为进行矿井瓦斯涌出量预测的方法,实际应用中多采用分源预测法。但是,分源预测法需要对所研究的矿井、巷道及其周围可能有影响的邻近层的瓦斯分布有较为详尽的了解和检测,并且在计算时需要将实测的影响瓦斯涌出的众多参数代入经验公式进行计算,而各个参数的测量精度和影响权重的确定等均存在尚待解决的问题,因而该方法可以作为涌出总量的一个参考,具体到瓦斯涌出量随时间或者位置的变化规律则显得较为困难。以上关于瓦斯的涌出量问题,研究的焦点集中在时间序列分析、大量相关数据资料的统计分析和各种影响因素的确定和分析上,而忽略了采动影响下煤层孔隙中吸附态赋存的瓦斯经过解吸、扩散、渗流进入抽采井(孔)的运移过程的动态描述和研究。高建良等[83]通过有限差分法求解建立的瓦斯流动的数学模型并数值模拟了移动掘进工作面巷道周围的瓦斯压力分布和瓦斯涌出规律。刘伟等[84]通过对建立的移动坐标下掘进工作面瓦斯涌出数学模型进行的无因次分析,研究了厚煤层中巷道掘进过程中的瓦斯涌出规律。这两位学者建立的动态模型,均是在瓦斯在煤体中的扩散、渗流以及在巷道中的流动规律分别单独研究的基础上,通过一定的假设再整合到模型中的,而关于三种运移模式之间的相互作用,缺乏进一步的研究。

根据国家安全生产监督管理总局 2006 年发布的《煤矿瓦斯抽放规范》(AQ 1027—2006)第 4.1 节相关规定,对于出现下述情况的矿井,必须进行瓦斯抽放。

(1) 一个采煤工作面绝对瓦斯涌出量大于 5 m^3/min 或一个掘进工作面绝对瓦斯涌出量大于 3 m^3/min,用通风方法解决瓦斯问题不合理。

(2) 矿井绝对涌出量 $V(m^3/min)$ 以及年产量 $M(Mt)$ 符合表 1-2 分类标准的。

表 1-2 煤矿抽采判别分类

矿井类型	I	II	III	IV	V
判别标准	$V \geqslant 40$ m³/min	1.0 Mt$<M<1.5$ Mt	0.6 Mt$<M<1.0$ Mt	0.4 Mt$<M<0.6$ Mt	$M \leqslant 0.4$ Mt
		$V>30$ m³/min	$V>25$ m³/min	$V>20$ m³/min	$V>15$ m³/min

（3）开采有煤与瓦斯突出危险煤层的。

可见,涌出量的预测是分析煤层瓦斯抽采必要性、抽采可行性以及采用何种方式进行抽采的前提。如能在煤层瓦斯运移规律基础上,通过建立瓦斯涌出数学模型来研究本煤层瓦斯涌出规律及进行涌出量预测,将对煤与瓦斯共采分析具有深远意义。

1.2.2 煤层瓦斯运移规律研究中的反分析方法

1.2.2.1 反分析方法

所谓反问题[85],按照 J.B.Keller 的说法,若在两个问题中,一个问题的表述或处理涉及或包含有关另一个问题的全部的或部分的知识,我们称其中一个为正问题,另一个为反问题。例如,在已知源函数和初始以及边界孔隙压力的前提下,求解孔隙压力随时间和位置变化的函数,为正问题;与之对应的,已知初始、边界以及附加点处的孔隙压力,确定未知的源函数为其反问题。进一步,在两个相互为逆的问题中,如果一个问题在 Hadamard 意义下是不适定的,特别是,若问题的解答不连续依赖于原始数据,则称其为反问题。因此,反问题的不适定性是问题自身所固有的一种特性。如果没有关于欲求解问题的附加信息,这一本质性的困难是无法克服的。求解反问题的理论和方法称为正则化方法[86]。

在解决实际工程问题的过程中,有些量无法通过现场或者试验手段直接测量,需要根据直接测量的数据,结合已有的规律建立适当的模型进行求解,这个过程称为反分析。求解已知函数中未知的参数,归结为参数辨识问题;根据已有的数学模型,识别其中未知的函数项,称为函数识别;根据输入和输出数据确定未知的模型,称为模型识别。在本书研究的煤层瓦斯运移规律问题中,主要涉及参数辨识和抛物型微分方程的未知源汇项函数识别两类问题。

1.2.2.2 参数辨识

关于参数反演（辨识）,在煤与瓦斯问题的研究中已经有非常久的应用历史。瓦斯的渗透系数、扩散系数、煤层透气性系数、钻孔瓦斯流量衰减系数和煤对瓦斯的吸附常数等无法直接测量的重要物理力学参数,都需要利用试验数据通过反分析法进行参数辨识。

以扩散系数为例,通常在计算的过程中,基于菲克定律,根据实测的瓦斯解吸量与解吸时间绘制关系曲线,然后通过回归分析得到扩散系数。聂百胜等[87]修正了瓦斯的解吸量和解吸时间之间符合的函数关系,并在该函数关系的基础上,通过曲线的切线的斜率和截距求得煤体的等效扩散系数。该方法得到了一些学者的认可,并在相关研究中进行了应用,取得了较理想的效果[88-89]。张玉军[90]通过回归分析的方法,反演求解了初始地应力和岩体的流变参数。关于渗透系数,在线性达西定律的基础上,可以通过渗透试验实测的渗流量和试验中给定的瓦斯压力梯度线性回归求解。也有学者提出多孔介质中受外加荷载和孔隙压力影响的指数函数形式的渗透系数函数[54],通过构造实测流量和理论流量之间非线性最小二乘模型,把问题转化为求解关于函数中未知参数的最小二乘模型的优化问题。

构造最小二乘模型求解的方法在曲线拟合和试验数据分析中经常使用。如果构造最小二乘模型的原始函数是线性函数,则该问题称为线性最小二乘问题,否则称为非线性最小二乘问题。由于最小二乘问题目标函数的特殊结构,除去可以用求解一般目标函数的优化算法(最速下降法、牛顿法、共轭梯度法、拟牛顿法、信赖域方法、模式搜索法、Powell 法、惩罚函数法、神经网络、遗传算法、蚁群算法和粒子群算法等)[91],还有更为简便有效的针对最小二乘问题的专用算法进行求解。对于线性最小二乘问题,其目标函数为凸函数,所以必然存在唯一的全局极小点,并且该全局极小点可以通过求其稳定点来求解[92]。对于非线性最小二乘问题,无法得到类似于解线性最小二乘问题的直接求解方法。解决这一类问题的基本思路是将原始函数在初始迭代点处线性化,将其转化为线性规划问题以求解出下一次近似解,直至得到满意的结果(逼近稳定点)。不同的迭代公式,对应不同的非线性最小二乘方法。最经典的求解方法是高斯-牛顿法[93],但是该方法具有严重的初值依赖,并且当迭代矩阵为奇异矩阵时方法失效。为解决高斯-牛顿法的缺陷,得到了在其基础上形成的 Levenberg-Marquardt[94-95] 算法以及 Levenberg-Marquardt-Fletcher[96] 算法等。并且关于 LM 算法的收敛性[97]已经给出了相应的证明。

反问题,相较于正问题往往具有明显的不适定性,即不满足解的存在性、唯一性或者稳定性。菲克定律和达西定律均是线性模型,在其基础上的参数识别问题,如果不考虑测量误差,一定是适定的[98]。但是定律有严格的适用条件,改变条件就需要对模型中的参数进行修正。当其中的参数由常数变为函数,即便函数关系已知系数待定,这样的参数识别问题也往往具有严重的非线性特点。

对于非线性最小二乘问题,其精确解往往很难求得,都是通过一些优化算法寻求其满足一定条件的近似解。这就要求对所建立的模型解的存在性、唯一性要先行讨论。又由于建立数学模型所使用的现场或者试验数据往往具有测量误差和扰动,要求最后对所求出的解的稳定性也要进行适当分析。而现有的工程研究中,往往把主要精力放在如何得到解和如何提高解的精度和计算速度上,关于模型适定性的分析较少。

1.2.2.3 抛物型方程未知源识别

利用扩散和渗流试验对不同的运移方式分别进行研究,无法给出反映其中相互作用的数学模型。利用关于抛物型微分方程未知系数函数和源汇项函数反分析的最新研究成果,配合设计的型煤试件中反映扩散渗流的瓦斯运移试验及现场瓦斯抽放的监测数据,建立并确定瓦斯渗流过程中的未知扩散源,对研究煤与瓦斯共采中瓦斯运移规律起到了非常重要的作用。

关于抛物型方程的解的存在性、唯一性和稳定性的证明[99-101],前人已做过很多相关的研究,给出了肯定的证明。这从理论角度为本书前期线性研究的顺利进行提供了保证。本书中最终建立的关于瓦斯运移的控制方程为一个包含与时间相关源函数的抛物型偏微分方程。关于非线性(变系数或者右端有非齐次项的)抛物型方程反问题的数值求解[102],是近二三十年应用数学领域的研究热点之一。

肖翠娥[103]讨论了抛物型方程中的两种类型反系数问题,在一定条件下,获得了未知系数解的存在性、唯一性及稳定性结论。邓醉茶[104]研究了利用终端数据确定二阶退化抛物型方程的辐射系数的反问题,在证明了该问题的解的唯一性的基础上,将问题转化为一个最优控制问题,并最终证明了该最优问题解的存在性及极小元的唯一性与稳定性。杨柳等[105]研究了利用温度最终测量值反演抛物型热传导方程中与空间有关的源汇项问题。在最优控制的框架下,论证了代价函数极小值的存在性和必要条件,在必要条件的基础上,推导出了极小值的唯一性和稳定性。使用 Landweber 迭代算法求解反问题并给出了一些典型测试例子的数值结果。F. Kanca 等[106]研究了利用边界条件和积分形式的附加条件同时确定一维热传导方程中与时间相关的热扩散系数及温度分布问题,建立了所考虑问题经典解的存在性和唯一性条件,给出了采用 Crank-Nicolson 有限差分方法数值求解的例子,说明了此方案对于噪声干扰数据的敏感性。郭文艳等[107]利用直线方法、正则化技术及算子识别摄动法,研究了一类非线性抛物型方程参数识别的反问题的正则迭代算法。文献[108]的作者利用傅立叶正则化的思想将一维非线性热传导方程反问题的严重不适定性转化为适定性,在理论上给出了较好的分析证明,并进行了数值模拟。柳陶[109]针对非线性扩散方程渗透率反演问题,分别设计了自适应正则化同伦反演方法,小波多尺度自适应同伦混合反演方法,基于网格尺度分解理论的多重网格多尺度反演方法,并通过数值方法予以验证。文献[110]利用初始边值条件及两组附加条件,反求了热传导方程中与时间和位置相关的源汇项,采用迭代的方法求解了转化的非线性问题。

通过前期的关于微分方程反问题及其数值解法的资料查询和相关研究可见:随着各个领域研究的需要,非线性抛物方程反问题得到了广泛的研究和发展。其中关于解的存在性、唯一性和稳定性的证明,为反分析方法数值确定瓦斯的扩散对渗流影响机制模型提供保证。尽管它的发展很不成熟,无论是一些理论结果还是数值算法,都还没有完善,但是经过该方面科学工作者的不懈努力还是得到了一些有效的数值算法。将微分方程转换成为数值模型可以采用有限差分、有限元、有限体积法和边界元法等网格方法和径向基函数法(RBS)、基本解方法(MFS)以及边界节点方法(BKM)等无网格方法。对于正则化处理数值模型中高度病态的非线性代数方程组,求稳定近似解可以采用吉洪诺夫正则化、截断奇异值分解(TSVD)、Landweber 迭代和 Krylov 子空间方法(如共轭梯度法)等确定性正则化方法或者贝叶斯统计推断和谱随机方法等随机方法[111]。这些算法的实现为以后的抛物型方程反问题提出更好的数值算法打下了坚实的基础,也为本书模型的确定提供了理论基础。

1.2.3 煤层瓦斯抽采方法

1.2.3.1 煤层瓦斯涌出量预测

瓦斯(煤层气)涌出是我国煤矿生产过程中的主要灾害,但是瓦斯是一种新型的洁净能源和优质的化工原料,是 21 世纪重要能源之一[112]。由于我国煤矿复杂的地理分布情况,多数矿井属于高瓦斯矿井,随着能源需求的日益紧张和煤炭工业的发展,很多矿井进入深部开采,越来越多的矿井需要进行瓦斯抽采,由此带动了中国煤矿瓦斯抽采技术的迅速发展[113]。目前我国已经研究和试验成功了多种抽采方法[114],而瓦斯涌出规律及涌出量是选择抽采方法的决定性因素。

矿井瓦斯涌出量预测方法可以分为三类:一是建立在数理统计基础上的矿山统计法;二是以煤层瓦斯含量为基本预测参数的瓦斯含量法;三是瓦斯地质数学模型法[115-118]。在利用统计分析研究煤层瓦斯赋存规律时,如果只考虑煤层埋藏深度或者煤层底板标高,建立一元线性模型,显然会丢失大量信息[119];如果考虑过多的影响因素,建立多元回归模型,又会在方法上遇到很大的麻烦。

1.2.3.2 煤与瓦斯突出危险

关于煤与瓦斯突出机制,国内外学者进行了大量的研究[120-125],主要有:瓦斯主导作用假说、地应力主导作用假说、综合作用假说、固流耦合失稳理论、"球壳失稳"理论、流变假说和黏滑机制等。虽然关于突出机制目前还没有达成统一认识,但是关于煤与瓦斯突出是应力、瓦斯、煤的物理力学性质共同作用的结果这一观点基本达成共识[126]。在突出的预警、预测和预报方面[127-130],近年来,大量学者展开了深入研究,采用了丰富的研究手段和研究技术。其中,电磁辐射预警、声发射预警、微震监测预警和煤体辐射温度预警等均得到了较好的应用[131-135]。

目前现场鉴定是否具有煤与瓦斯突出危险性,多依据煤的破坏类型、煤的坚固性系数、煤的瓦斯放散初速度和煤层瓦斯压力四个单项指标,规定只有全部指标不小于其临界值时才可以划分为突出煤层。各单项指标的临界值见表1-3。

表 1-3 煤层突出危险性单项指标临界值

煤层突出危险性	煤的破坏类型	瓦斯放散初速度 Δp	煤的坚固性系数 f	煤层瓦斯压力 p/MPa
突出危险	Ⅰ、Ⅱ、Ⅲ、Ⅳ、Ⅴ	10	0.5	0.74

本书最终要对煤层瓦斯的抽采方法进行分析和判断,包括分析煤层瓦斯有无抽采必要,需要采用什么方法进行抽采。因而,利用本煤层在开采前能够获得的煤层基本物理力学性质和煤与瓦斯基本参数,对于煤层是否具有煤与瓦斯突出危险性进行判别,是研究的必要组成部分。从安全生产角度,在矿井生产前根据煤与瓦斯的基本参数,对矿井的突出可能进行评估,对瓦斯涌出量比较大的矿井进行抽放设计是煤矿生产的必要前提。当前我国的高浓度瓦斯矿井中广泛应用安全检查系统,监测系统的瓦斯检测数据,可以进行瓦斯涌出趋势分析,进而预警煤与瓦斯突出。利用煤与瓦斯突出的控制因素分析与评价的方法有很多:专家调查法、主成分分析法、模糊综合评判法、神经网络、灰靶模型和层次分析法(AHP)等[136-138]。然而经常考虑的煤与瓦斯的几个基本参数,往往相互之间具有一定的相关性,并且一个参数可能同时反映矿井瓦斯的涌出量、有无突出危险和抽放难易程度等因素。从现场获得的煤与瓦斯测量数据分析几个方面的影响,对于判断煤层是否具有抽采必要和采用何种方法进行抽采具有重要的参考意义。

1.2.3.3 抽放难易程度判断依据

瓦斯抽放难易程度直接关系瓦斯的抽采方法选择,是确定瓦斯抽采孔间距、抽采时间以及抽采量的关键。经过长时间的探索,相关科研和工作人员总结出了影响瓦斯抽放难易程度的几个重要参数:煤层百米钻孔瓦斯自然涌出量、煤层透气性系数、瓦斯涌出衰减系数、瓦斯压力与透气性系数的乘积等,并根据这些参数的取值,将煤层抽放难易程度进行了分类[139]。在《煤矿瓦斯抽放规范》(AQ 1027—2006)中,根据煤层瓦斯钻孔流量衰减系数以及煤层透气性系数,将煤层分为容易抽放、可以抽放和较难抽放三类。其钻孔流量衰减系数 α 小于 $0.003\ \mathrm{d}^{-1}$ 且煤层透气性系数 λ 大于 $10\ \mathrm{m}^2/(\mathrm{MPa}^2 \cdot \mathrm{d})$ 时为容易抽放;钻孔流量衰

减系数 α 为 0.003～0.05 d^{-1} 且煤层透气性系数 λ 为 0.1～10.0 m^2/(MPa^2 · d)时为可以抽放；钻孔流量衰减系数 α 大于 0.05 d^{-1} 且煤层透气性系数 λ 小于 0.1 m^2/(MPa^2 · d)时为较难抽放。具体见表 1-4。

表 1-4　抽放难易程度的判断依据

抽放难易程度	钻孔瓦斯流量衰减系数 α/d^{-1}	煤层透气性系数 λ/[m^2/(MPa^2 · d)]
容易抽放	<0.003	>10
可以抽放	0.003～0.05	10～0.1
较难抽放	>0.05	<0.1

　　然而在实际应用过程中,各个参数的测量会有多种方法。以煤层透气性系数的测量为例,现场应用较多的有:巷道单向流量法、钻孔径向法和球向流量法[140]。并且还会出现根据不同指标,抽放难易程度归到不同类别的情况。进而有学者提出根据煤层百米钻孔瓦斯自然涌出量与煤层透气性系数比值的综合指标 K 进行分类的方法[139]。也有学者利用可拓学方法,根据瓦斯钻孔衰减系数和煤层透气性系数对瓦斯抽放难易程度进行评价,并对不同煤层的抽放难易程度进行比较[141]。

1.2.3.4　煤层瓦斯抽采方法分类

　　通常根据瓦斯的来源、煤层赋存状况、采掘布置、开采程序以及开采地质条件等因素,对煤层瓦斯的抽采进行综合分析。按照不同的分类标准,有不同的分类结果。按照位置可以分为开采层瓦斯抽采、邻近层瓦斯抽采和采空区瓦斯抽采。按照抽采时间可以分为预抽、边采边抽和先采后抽等。综合分类可参考图 1-1[142]。

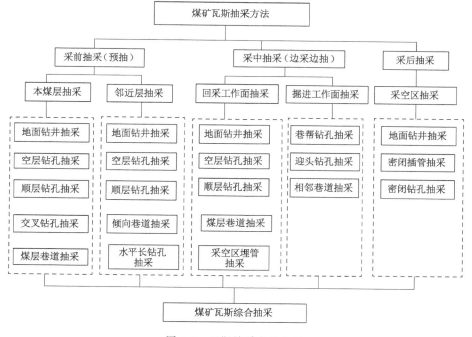

图 1-1　瓦斯抽采方法分类

（1）开采层瓦斯抽采

开采层瓦斯抽采指本煤层抽采、回采工作面抽采和掘进工作面抽采。抽采方式包括预抽、边采边抽和强化抽采等。预抽是指在工作面开采前预先抽采煤体中的瓦斯，属于未卸压煤层的瓦斯抽采，主要采用钻孔方法进行抽采。如果煤层的透气性较好，会取得较好的预抽效果。常用的抽采方法有：地面钻井抽采、空层钻孔抽采、顺层钻孔抽采、交叉钻孔抽采、煤层巷道抽采、巷帮钻孔抽采、迎头钻孔抽采和相邻巷道抽采等。边采边抽是利用开采时产生的卸压效应对本煤层瓦斯进行抽采。当工作面（回采/掘进）向前推进的时候，工作面前方的煤体卸压，增强了煤体的透气性，从而使抽采效率大幅度提高。强化抽采是对原始瓦斯含量较高、透气性差的煤层，采用水力压裂、打超前钻孔等方式对瓦斯强化抽采。

（2）邻近层瓦斯抽采

邻近层瓦斯抽采就是通常所说的卸压层瓦斯抽采。开采层的采动，使得与其相邻的煤层被卸压，大幅度增加煤层的透气性，这样产生的煤层与岩层之间的空隙和裂缝，在储存卸压瓦斯的同时也是良好的流动通道。为了防止邻近层瓦斯向工作面涌出，需要对其进行抽采，并且这部分瓦斯易于抽采，可以得到很好的抽采效果。常用的抽采方法有：地面钻井抽采、空层钻井抽采、顺层钻孔抽采、倾向巷道抽采和水平长钻孔抽采等。合理选择抽采参数，可使得抽采率达到 $70\%\sim80\%$，甚至更高。

（3）采空区瓦斯抽采

由于开采卸压，邻近层和围岩的瓦斯会向采空区涌出，如果矿井采用分层开采，当上分层开采完毕，下分层卸压瓦斯会大量涌出到采空区，加之采空区内丢煤较多，使采空区瓦斯涌出量较大，有抽采必要并且具备抽采条件。采空区瓦斯抽采常用方法有钻孔抽采和埋管抽采，严重时可布置尾巷，密闭尾巷进行抽采。

1.2.3.5 瓦斯抽采方法选择依据

选择具体瓦斯抽采方法时应遵循如下原则[143-144]：

（1）瓦斯抽采方法应适合煤层赋存状况、开采巷道布置、地质条件和开采技术条件；

（2）应根据瓦斯来源及涌出构成进行，尽量采取综合瓦斯抽采方法，以提高瓦斯抽采效果；

（3）有利于减少井巷工程量，实现抽采巷道与开采巷道相结合；

（4）瓦斯抽采方法应有利于抽采巷道布置与维修、提高瓦斯抽采效率和降低抽采成本；

（5）抽采方法应有利于抽采工程施工、抽采管路敷设以及抽采时间增加。

巷道的开掘，使得巷道周围煤层的应力重新分布，煤层中瓦斯的气体压力平衡遭到破坏。煤层内部到煤壁间的压力梯度，使得瓦斯沿煤体中的孔隙及裂隙向巷道泄出。本书围绕本煤层瓦斯的运移及抽采问题展开研究。如图 1-1 所示，针对本煤层瓦斯的抽采主要考虑采前预抽和边采边抽的抽采方式。对于有抽采必要并且透气性及其他预抽条件较好的煤层，需要在工作面开采前进行瓦斯抽采，开采前对未卸压煤层的瓦斯进行抽采，主要采用钻孔预抽的方法。随着工作面的开采，煤层产生了卸压效应，这大幅度增加了工作面前方煤体的透气性，使得抽采效率大幅度提高。边采边抽是利用工作面开采时的卸压效应抽采本层瓦斯。采中抽采主要采用斜向钻孔，抽采工作面前方煤体的卸压瓦斯。

煤层具有煤与瓦斯突出危险以及瓦斯涌出量较大的矿井,必须进行瓦斯抽采。瓦斯抽采应从安全性、能源利用率、经济效益等方面综合考虑。煤层是否具有煤与瓦斯突出危险,关系煤层瓦斯是否有抽采必要,而煤层瓦斯抽采的难易程度关系如何选择抽采方法,是进行煤层瓦斯抽采的必要因素。

1.2.4 存在的问题

综上所述,在研究煤层瓦斯的运移规律以及选择合适的瓦斯抽采方法过程中主要存在以下问题:

(1)煤层瓦斯运移模型中的非线性函数的多个未知参数的准确辨识问题。

由于考虑受外加荷载和孔隙压力的影响,渗透率和吸附方程中的待定参数无法通过直接法进行回归分析,需要试验数据配合反分析的数学方法进行辨识。反分析方法在煤层瓦斯运移规律研究中的应用,最常见的就是参数反演(辨识)。有一些非常重要的参数,如扩散系数、渗透系数以及煤对瓦斯的吸附常数,往往需要根据间接的现场或者试验数据,进行反分析求解。简单的反分析问题可以通过回归分析解决,例如求解满足达西定律的渗透率。而关于复杂的参数反演问题,最终建立的非线性最小二乘模型,缺乏解的存在性、唯一性和稳定性的相关讨论,采用的算法通常是收敛的,但是对于初值依赖严重的算法,初值的选取直接影响结果,因而需要结合实际问题的物理背景以及模型的适定性分析,尽量限定初值的选取范围。

(2)煤层瓦斯运移过程中,煤体中吸附态瓦斯的解吸扩散对于渗流源汇作用的模型描述及求解问题。

通过构建煤体的等效多重孔隙介质模型,可以将不同尺度的孔隙和裂隙间的相互作用通过系统间的质量交换实现,这需要在对于各种性质的孔隙和裂隙尺度进行划分的基础上,根据所研究煤层的特征及实测数据进行网络重构。而现有研究,在尺度的划分标准以及多孔介质物理模型的等效重构方面均处于研究探索阶段,尚有较多问题需要解决。若在煤层瓦斯运移过程中,将解吸扩散的瓦斯视为渗流的源,运用微分方程反分析的理论方法,识别出瓦斯运移控制微分方程中的未知扩散源函数,就可以回避构建煤体复杂网络物理模型过程中存在的问题,可以为研究煤层瓦斯运移规律提供一种新思路。

(3)影响煤层瓦斯涌出的参数众多且各参数之间具有较强相关性。

现有研究所考虑并能够实测的参数中,影响本煤层瓦斯涌出量的因素众多,各个因素间往往还具有不明确的相关性,这样导致建立描述瓦斯涌出量的模型困难,并且精度不高,对数据量和现场经验有较高要求。因而,通过数学手段,减少建立模型的参数个数和消除各个参数之间相关性,对于瓦斯涌出预测具有重要意义。另外,基于反分析的煤层瓦斯涌出规律研究,是对根据现场实测数据得到的瓦斯涌出规律的良好补充。

(4)影响抽放设计的主要因素的参数众多,判别方法不唯一,采用不同方法的判别结果不完全一致。

现场关于瓦斯的抽放设计,通常是根据瓦斯的涌出量、有无煤与瓦斯突出危险以及瓦斯的抽放难易程度,配合开采煤层的地质条件,选择合适的抽采方法,进行共采。进一步,影响瓦斯涌出量、突出危险性及抽放难易程度的参数众多,并且各个参数之间往往不是相互独立的,依据现场测定的各个参数进行进一步运算和分析的方法也不唯一,因而最终如何选择合适的影响因素及合适的方法进行分析,是分析瓦斯抽采的关键问题。

1.3 本书主要研究内容

本书主要研究内容如下:

(1)通过扫描电镜试验研究煤体介质的微细观结构特征;采用数字图像处理的方法得到煤样的孔隙率;分析瓦斯在煤体中的赋存状态、运移模式及基本控制方程,为研究煤层瓦斯运移机理及进行瓦斯抽采分析提供试验指标及理论基础。

(2)分析气体通过可变形多孔介质的渗流,开展考虑外加荷载及煤对瓦斯吸附作用的煤层瓦斯渗透模型研究,借助瓦斯在原煤试件中的三轴稳态渗透试验数据,利用基于遗传算法赋初值的高斯-牛顿法求解含瓦斯煤体受外加荷载及孔隙压力影响的渗透率函数。

(3)基于煤层瓦斯运移基本控制方程及受外加荷载和孔隙压力影响的非线性渗透率函数,借助自主设计的瓦斯在型煤试件中的三轴运移试验,识别了煤层瓦斯运移基本控制方程中的未知源函数,分析了瓦斯运移过程中解吸扩散源随时间的变化规律。

(4)对于具有多个相关回采工作面并且数据可以获得的工作面,综合考虑影响煤层瓦斯运移的地质条件、开采影响和邻近层因素,在获得的开采矿井地质参数、开采方式及瓦斯涌出量数据的基础上,采用基于主成分分量的线性回归模型预测了回采工作面的瓦斯涌出量,为煤层瓦斯抽采设计提供瓦斯涌出量参考。

(5)基于煤与瓦斯的基本参数,通过因子分析方法,得到反映煤与瓦斯突出危险、抽放难易程度和瓦斯涌出量的 3 个因子,采用主成分回归分析方法对于瓦斯涌出量因子进行修正,根据因子得分给出煤层瓦斯抽采的指导方案。

第 2 章　煤体结构及瓦斯的赋存和运移状态

本章主要通过扫描电镜试验及数字图像处理方法,研究煤体的孔、裂隙结构,计算煤体的孔隙率,从而研究瓦斯的赋存空间、赋存状态及运移模式,为后续研究奠定基础。

2.1　煤体介质的微细观结构特征

煤是远古时代的植物由于地质运动,在地下的高温高压作用下经历漫长的地质年代而逐渐形成的一种可燃的沉积岩类。在煤炭形成过程中,其中的挥发分由固体转化为气体排出,从而形成了煤体中大量的相互连通的微孔;在复杂的地质运动作用下,煤层又被破坏为煤粒与煤块的组合体。因而,煤体是由煤基质和庞大的孔隙和裂隙网络交织而形成的一种复杂的多孔介质。煤体中的孔隙和裂隙结构影响瓦斯的赋存和运移,同时决定了煤体介质自身的力学性质,是煤炭开采过程中研究瓦斯涌出规律及判断是否具有煤与瓦斯突出危险的重要依据之一。本节从成因、图像、分类及分布特征等方面研究煤体中的孔隙和裂隙结构特征,为研究瓦斯在煤体中的赋存和运移规律做准备。

2.1.1　煤体介质微细观结构的电镜试验

2.1.1.1　孔隙分类

从成因的角度,煤体中的孔隙可分为植物组织自身及有机质碎屑间形成的原生孔、煤变质过程中由于挥发分产生的气体发生聚集所形成的后生孔、复杂地质运动过程中在构造应力破坏作用下形成的外生孔以及煤体中的矿物质在溶蚀等作用下形成的矿物质孔等。煤体中的孔隙为瓦斯提供了赋存的空间和运移通道,其数量、大小、孔隙分布特征及连通性等结构特征影响瓦斯的富集和运移特性。电子显微镜下,可以看到煤的有机物质结构类似海绵体,具有一个庞大的微孔系统,微孔之间由直径只有甲烷分子大小的微小毛细管沟通,彼此交织,组成超细网状结构,具有极大的内表面积,有的高达 $200~\mathrm{m^2/g}$,形成煤体所特有的多孔结构[87]。B. B. 霍多特[123]在 1961 年提出了十进制的孔径大小分类标准,从大小的角度又可将孔隙分为小于 10 nm 的微孔、10～100 nm 的小孔、100～1 000 nm 的中孔以及大于 1 000 nm 的大孔。傅雪海等[145]借助 9310 型压汞微孔仪对来自我国生产矿井的有代表性的 146 个煤样的孔径和比孔容等参数进行了测定,以孔径 65 nm 为界,把煤的孔隙分为扩散孔(<65 nm)和渗透孔(>65 nm),进而又将上述两类孔各自划分为 3 小类。据相关资料,微孔的孔隙体积占总体积的 54.7%,而孔隙表面积却占整个表面积的 97% 以上。巨大的内表面积使得煤炭具有强大的瓦斯吸附能力,为瓦斯的赋存提供了空间。常见的煤的孔隙尺度分类见表 2-1[146]。

表 2-1 煤的孔隙尺度分类

代表学者或单位	微孔/nm	小孔/nm	中孔/nm	大孔/nm	可见孔/nm
ХОДОТ(1961)	<10	10~100	100~1 000	>1 000	—
Gan(1972)	<1.2	过渡孔 1.2~30		>30	—
朱之培(1982)	<12	过渡孔 12~30		>30	—
煤炭科学研究总院抚顺分院(1985)	<8	过渡孔 8~100		>100	—
Girish(1987)	<0.8	0.8~2	2~50	>50	—
俞启香(1992)	<10	10~100	100~1 000	1 000~100 000	>100 000
IUPAC(1994)	<2	过渡孔 2~50		>50	—
秦勇(1995)	<10	10~50	50~450	>450	—
Clarkson(1999)	<2	过渡孔 2~50		>50	—
傅雪海(2005)	扩散孔<65		渗透孔>65		

实验室测试煤的孔隙结构,按照测试原理分为光电辐射法和流体浸入法,具体方法及可测的孔隙尺度范围如图 2-1 所示[147-148]。其中流体浸入方法,采用气体或者液体浸入孔隙,通过浸入孔隙的流体体积或者质量来计算孔隙率,但是浸入的流体具有一定的压力,并且煤对气体具有吸附性等,会导致在浸入前后煤的孔隙结构发生变化。由图 2-1 可知:在非流体浸入的光电辐射法中,扫描电镜的观测尺度范围相较其他几种方法更大,因而本书采用扫描电镜方法观测煤样的孔隙率。

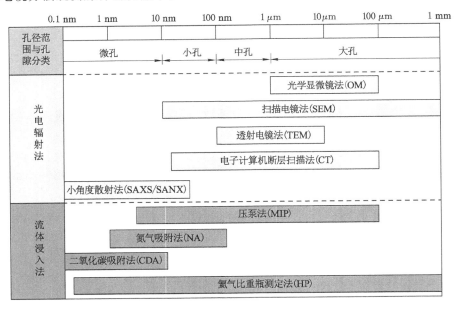

图 2-1 煤孔隙测试方法及孔径范围

参考傅雪海等[145]的研究结果,本书统一将小于或等于 65 nm 的微孔和小孔称为孔隙系统,将大于 65 nm 的孔隙和裂隙称为裂隙系统。

2.1.1.2　煤体介质扫描电镜试验的目的、装置和试件制作

（1）煤体介质电镜试验的目的

为观察煤体介质中的孔隙和裂隙结构，对煤体试件开展了扫描电镜试验。

由第 1 章内容可知：煤体中的孔隙和裂隙的尺度分布从纳米级到微米级，因而为观察各种尺度的孔隙和裂隙结构，要求观测手段对试样的放大倍数在几百倍到几万倍之间不等。

光学显微镜以可见光为光源，利用光学原理对观察样本的微小结构放大成像，其放大的极限倍数为 1 000～2 000 倍，观察的景深为 2～3 μm。因而光学显微镜通常用来观察微米级的光滑表面，并可以比较准确地识别不同色彩。

本次试验的观察对象为煤体中各种尺度的孔隙结构和裂隙结构，放大倍数要求超出光学显微镜的极限倍数，并且过于光滑的试样的加工过程会破坏待观察的结构，因而需要采用其他的观察手段开展试验。

扫描电镜（SEM）是一种用于观察微观形貌的工具。它的照明源为电子束，由于电子流的波长远比可见光的波长短，因而其放大倍数远高于光学显微镜，可以直接根据样品表面材料的物质性能进行微观成像。扫描电镜具有较高的放大倍数，并且可在不同的放大倍数之间连续调节。相较于光学显微镜，利用其观察试样，有景深较大、视野大、成像富有立体感的特点。与此同时，扫描电子显微镜的像素处理器高达 4 096 像素×3 536 像素，对于各种试样表面凹凸不平的细微结构均可以进行直接观察。除此之外，扫描电镜试验对试样表面光滑程度几乎没有任何要求，因此用于该试验的试样制备简单，易加工。目前的扫描电镜多配有 X 射线能谱仪装置，以便同时进行显微组织形貌的观察和微区成分分析。

由上述分析可知扫描电子显微镜试验可以满足观察煤样中各种尺度的孔隙和裂隙结构的要求，因而采用该方法进行试验。

（2）试验设备

本次试验采用德国蔡司集团生产的场发射扫描电子显微镜，型号为 ZEISS ULTRA PLAS，配以 OXFORD X-Max 能谱仪。试验现场如图 2-2 所示。

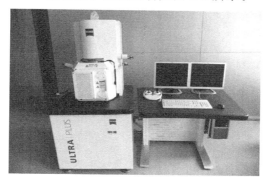

图 2-2　扫描电子显微镜测试系统

（3）试件的制作

将所选煤样切割至一定大小（约 1.5 cm×3 cm×0.5 cm），将面积最大的两个面磨平，其中一个面用导电胶固定在载玻片上，将另一个面进行抛光喷金处理。需要注意的是，要保护好试样，避免抛光喷金的面被破坏。

2.1.1.3 煤体介质电镜试验的工况设计

为了保证扫描电镜试验的正常进行,需要进行以下几个方面的准备工作:

(1) 对绝缘的煤体样本进行喷金处理以保证其导电性。

(2) 在试验中要确保装置腔体内处于真空或低真空状态。

(3) 在扫描电镜装置内有一个用来放试样的腔体,试样的尺寸应小于腔体的大小,使试样能够放进腔体。

根据扫描电镜的倍数以及孔隙、裂隙的分类,将试验方案暂定如下:

(1) 拍摄 200～3 000 倍的图片用以观测煤样中的大孔和微裂隙。此时的观测尺度为 66.67 nm～1 μm。

(2) 拍摄 10 000～30 000 倍的图片用以观测煤样中的微孔和小孔。此时的观测尺度为 6.67～20 nm。

(3) 在 10 000～30 000 倍之间连续改变倍数,拍摄固定点为中心的区域的图像,以观测尺度为 6.67～20 nm 的微孔和小孔对孔隙率的影响。

2.1.2 孔隙结构特征

2.1.2.1 电镜扫描图的二维孔隙率计算

如图 2-3 所示,煤体中赋存大量的直径小于 10 nm 的微孔以及直径为 10～100 nm 的小孔,微孔和小孔相互交织在一起构成海绵状的多孔结构。

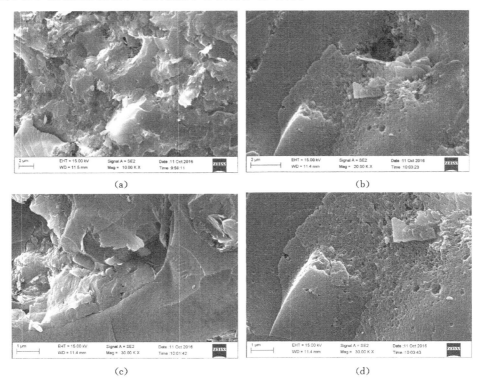

图 2-3　煤孔隙的电镜扫描图

　　对于图 2-3 中的电镜扫描图片信息,借助于 MATLAB 软件进行分析处理,分别得到其二维和三维的孔隙率,对于放大倍数在 10 000～30 000 倍下的扫描结果,计算所得的孔隙率及二值化后的形状如图 2-4 所示。具体处理过程如下[146]:

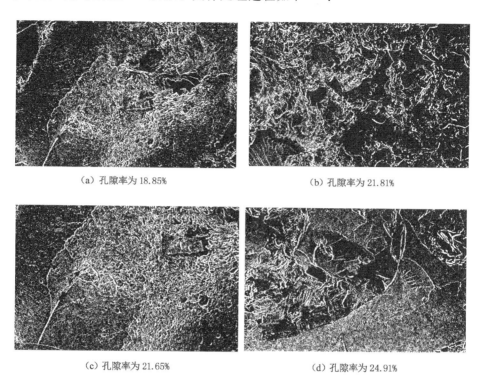

(a) 孔隙率为 18.85%　　　　　　　　　　(b) 孔隙率为 21.81%

(c) 孔隙率为 21.65%　　　　　　　　　　(d) 孔隙率为 24.91%

图 2-4　小孔灰度二值化图

　　(1) 读取图片信息,获得图片的灰度值矩阵。

　　利用 MATLAB 软件中的函数 imread 实现图片读取,得到的结果是一个三维数组,其中前两个维度表示图片中像素点所在位置,第三个维度用来储存图片中对应像素点处的灰度值。由于扫描图不是彩色图片,因而该维度的数组中三列的数值均相同,都是灰度值。灰度值的取值范围为 0～255。数值越大表示亮度越高,数值越小表示亮度越低。

　　(2) 消除图片的不均匀背景。

　　用 strel 函数计算圆盘参数,然后用 imopen 函数求得灰度矩阵的不均匀背景,再使用 imsubtract 函数得到原图去除不均匀背景后的图像。

　　(3) 卷积滤波降噪处理。

　　采用 conv2 函数通过卷积滤波的方式对消除不均匀背景后的图片进行滤波,从而达到降噪的目的。

　　(4) 自动选取阈值对图片进行二值化处理。

　　用 greythresh 函数自动选取阈值,使用该阈值通过函数 im2bw 对图片的灰度矩阵进行二值化处理。处理后的矩阵中只有 0 或者 1,原数值大于阈值的都取 1,小于阈值的都取 0,值高的对应点亮度大,可以理解为孔,值低的对应点亮度低,理解为煤基质。

（5）根据二值化后的数据画图并计算平面孔隙率。

用 imshow 函数画出二值化后对应的图,并根据二值化后的灰度矩阵计算试样的二维孔隙率,计算公式如下:

$$n_2 = \frac{S_{孔}}{S_{孔} + S_{基质}} \qquad (2\text{-}1)$$

选定某试样的指定小区域,连续变焦得到其放大倍数从 10 000 倍至 30 000 倍各种情况下的扫描图片,通过上述方法计算得到各种放大倍数下的二维孔隙率,并绘制孔隙率随放大倍数的变化曲线如图 2-5 所示。

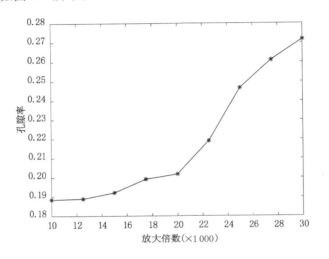

图 2-5　孔隙率随放大倍数变化曲线

由图 2-5 可知:孔隙率随着放大倍数的增大呈现明显的增大趋势,在该放大区间,扫描图可观察尺度在 6.67～20 nm 之间的小孔。可见在该尺度范围内的小孔对孔隙率有较大且稳定的影响,说明所研究的煤样中含有丰富的该尺度的小孔。根据霍多特及傅雪海的研究和分类标准,此类小孔为吸附性的小孔,因而在具有此种特征的煤体中吸附性必然对瓦斯的运移产生较大影响。

2.1.2.2　基于高程图的三维孔隙率计算

如 2.1.2.1 所述,通过二值化计算试样二维的孔隙率,结果显然会对阈值的选取非常敏感,利用计算得到的二维孔隙率进行孔隙率整体变化的定性分析具有参考价值,但是与试样实际的孔隙率会有较大的差异。受地理信息系统中高程分析的启发,电镜扫描图中提供的灰度值反映了试件中每个像素点的高度[149]。如果该像素点灰度值较大,意味着该点处亮度较高,把每个点看成一个小立体结构,则该立体结构的孔隙高度较大。同理,如果该点的灰度值较小,孔隙高度也较小。极端情况下,如果灰度值为 0,则该立体结构的孔隙体积为 0,为基质单元;如果灰度值为 255,则该立体结构的孔隙体积为 1,为孔隙单元。绘制出扫描图的高程图与原图和二值化后的图对比,如图 2-5 所示。

在高程数据的基础上,采用如下的公式计算煤样的三维孔隙率:

$$n_3 = \frac{V_{孔}}{V_{孔} + V_{基质}} \times 100\%$$ (2-2)

利用式(2-1)计算得到的二维孔隙率为 21.65%,而采用式(2-2)计算得到的孔隙率为 9.73%。调取该图的灰度值数据,发现该图片的灰度值最大为 183,而不是 255。这样在计算的过程中就会导致整体体积计算值过大,从而使得孔隙率过小。利用最大灰度调整试样整体体积,得到的孔隙率为 13.56%。采用水浴的方法测试得到该煤样孔隙率为 13.34%,相较于前两种计算方式,这个数值更接近实际煤样的孔隙率。

按照该方法分别计算了图 2-6 中同一煤样在不同放大比例下的三维孔隙率,发现孔隙率的数值相较二维孔隙率有一定变化,但是整体变化规律与二维的孔隙率基本一致。这再次印证了在所选的煤样中含有丰富的吸附性小孔。

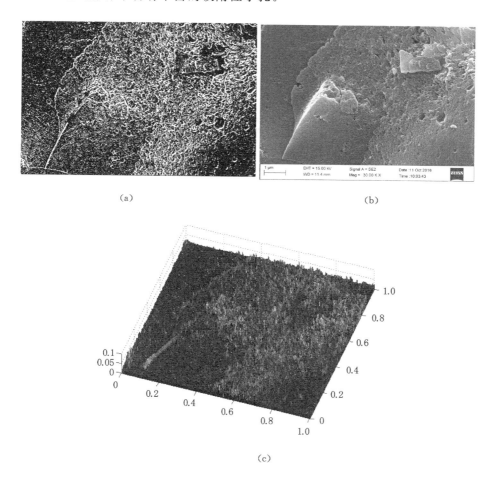

(a)

(b)

(c)

图 2-6　SEM 图与二值化图和高程图的对比(孔隙)

2.1.3　裂隙结构特征

从成因的角度,煤体中的裂隙可以分为煤化作用过程中形成的内生裂隙和煤层形成后受各种地质构造应力作用产生的外生裂隙。裂隙是瓦斯在煤体中运移的主要通道,对于原始煤体,主要研究的是微米级宽度,延伸从数微米到数十厘米的微裂隙和小裂隙,其中尺度在微米级的微裂隙可以通过电镜扫描断面方法进行观察。图 2-7 为放大倍数为 200～3 000 倍的扫描图片,可以观察尺度在 66.67 nm～1 μm 范围内的大孔及微裂隙结构。

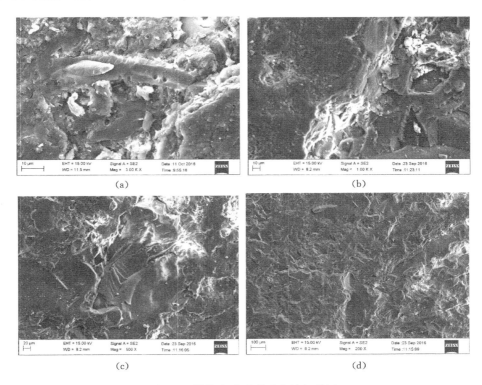

图 2-7　煤的大孔及裂隙电镜扫描图

由图 2-7 可知:煤样中分布着较为丰富的渗透大孔,并且部分孔隙互相连通,形成微裂隙,为瓦斯的渗透提供良好的通道。

按照 2.1.2 中的方法,将图 2-7 中的扫描图进行消除不均匀背景及降噪处理,得到其对应的灰度二值化数据,然后根据式(2-1)计算对应的二维孔隙率。图 2-7 对应的二值化图及其二维孔隙率如图 2-8 所示。

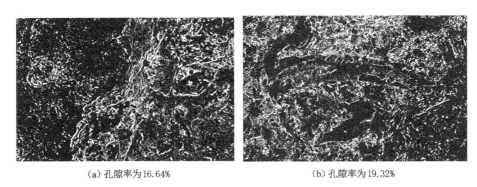

(a)孔隙率为16.64%　　　　　　　　(b)孔隙率为19.32%

图 2-8　裂隙灰度二值化图

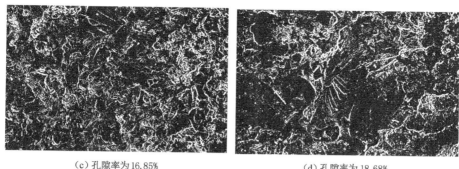

（c）孔隙率为 16.85%　　　　　　　　　　（d）孔隙率为 18.68%

图 2-8（续）

对比图 2-4 和图 2-8 中的孔隙率数值会发现不同数量级的观察尺度下计算得到的孔隙率是同一数量级的。分析其原因：在大的尺度下，不连通的独立微孔以及连通范围较小的微孔群无法显示，在该尺度下得到的应该是较大尺度下的大孔和微裂隙所占的孔隙率。而在小尺度下，放大倍数增大，避开了一部分大的微裂隙，会使得孔隙率减小，但是随着放大倍数的增加，大量的微孔和小孔在图片中得以体现，又会使得孔隙率增大。

对于大孔和微裂隙，也同孔隙一样具有自己的空间结构，因而，在计算孔隙率的时候，考虑其空间结构得到的三维孔隙率，应该较二维孔隙率更接近真实状态。扫描图的高程图与原图和二值化后的图对比如图 2-9 所示。

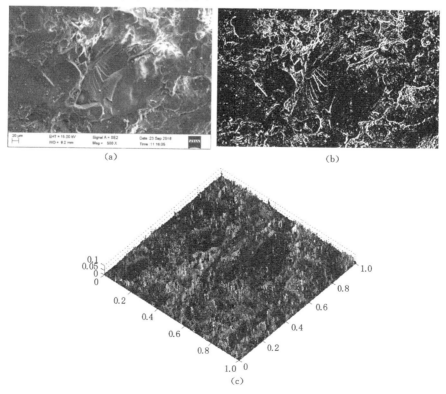

图 2-9　SEM 图与二值化图和高程图的对比（裂隙）

由图 2-9 可以看出:高程图还原了试样表面的高程信息,相较二值化图能更准确地反映试样表面的高低起伏,因而计算的孔隙率更接近真实孔隙率。

2.2　瓦斯在煤体中的赋存状态

近年来,文献[150]采用 X 射线和衍射分析等技术观察煤体,发现在煤体中有吸附态(固态)、游离态(气态)、液态和固溶态等几种状态。由于其中前两种状态的瓦斯占整体瓦斯含量的 85% 以上,而煤体中的瓦斯整体表现出的特征是这两种状态的特征,因此下面重点分析吸附态和游离态两种状态。近年来,随着瓦斯赋存构造逐级控制理论的提出,从地质角度解释了瓦斯赋存和瓦斯突出分布规律。张子敏等[151]运用瓦斯赋存构造逐级控制理论,提出了中国煤矿瓦斯赋存地质构造逐级控制规律的 10 种类型,将中国煤矿瓦斯赋存分布划分为 16 个高突瓦斯区和 13 个瓦斯区。韩军等[152]以区域构造演化为主线,分析了东北、华北和华南聚煤区构造演化过程以及瓦斯赋存和应力状态的演化特征,阐明了构造演化对煤与瓦斯突出的控制作用。王猛等[153]通过总结开滦矿区瓦斯地质规律,提出了开滦矿区瓦斯赋存的构造逐级控制模式。孟建瑞[154]采用构造逐级控制理论对义堂矿矿井地质构造进行了分析,填补了该矿地质报告中新生代论述的空白,为矿井新水平的延伸提供了理论依据。

范雯[155]通过对金能煤矿瓦斯赋存规律的研究,提出了煤层中瓦斯的赋存状态有吸附状态和游离状态两种。煤对瓦斯的吸附作用一般是物理吸附,是瓦斯分子和碳分子之间相互吸引的结果。在煤层中赋存的瓦斯量,通常吸附的瓦斯量占 80%~90%,游离的瓦斯量占 10%~20%,在吸附的瓦斯量中又以煤体表面吸附着的瓦斯量占多数。在煤体中,吸附瓦斯和游离瓦斯在外界条件不变的情况下处于动态平衡状态。

王猛[156]通过对河北省不同矿区瓦斯赋存规律的研究,发现河北省不同矿区的煤层经历了不同的埋藏历程,结合其瓦斯生成、赋存与逸散过程,将煤层瓦斯埋藏逸散类型大致分为 W 形和 V 形两种类型,不同类型的瓦斯赋存存在明显的差异性。

2.2.1　吸附态

煤对瓦斯气体具有物理吸附作用。物理吸附是分子间相互作用的范德瓦耳斯力引起的。不同气体在相同介质上的吸附量有较大差别。一般而言,煤对甲烷的吸附性强于氮气和氦气,小于二氧化碳。因范德瓦耳斯力较小,所以解吸(脱附)也较容易。同时,物理吸附的吸附速度较快,易达到吸附平衡。

在煤体的裂隙、大块和块体表面,微裂隙和微孔隙表面,瓦斯均可以以吸附态存在。如2.1 节所述,由于煤体具有复杂的多孔结构,巨大的比表面积为吸附态瓦斯的赋存提供了空间,通常吸附瓦斯量占煤层瓦斯总赋存量的 80%~90%。

煤对瓦斯的吸附,常采用朗缪尔的单分子层吸附理论。该理论是基于气化和凝聚的动力学平衡原理建立的,该方法因为方程描述简单,得到了广泛的应用。该理论的基本假设为:

(1)固体表面具有吸附能力是因为其表面上的原子力场没有得到饱和,有剩余力存在。当气体分子碰撞到固体表面时,其中一部分就被吸附并放出热量,但是气体分子只有碰撞到尚未被吸附的空白表面上才能够发生吸附作用。当固体表面排满一层分子之后,这种力场得到了饱和,因此吸附是单分子层的。

(2)固体表面是均匀的,各处的吸附能力是相同的,吸附热不随覆盖度变化,是个常数。

(3)已被吸附的分子,当其热运动的动能足以克服吸附剂引力场位垒时,又重新回到了气相,再回到气相的机会不会受邻近其他吸附分子的影响,即被吸附分子之间无作用力。

(4)吸附平衡是动态平衡。动态平衡是指吸附达到平衡时吸附仍在进行,相应的解吸(脱附)也在进行,此时吸附速度等于解吸速度。

在以上假设基础上,忽略灰分和水分的影响,可得到瓦斯的等温吸附量与瓦斯压力之间的关系式为:

$$Q = \frac{abp}{1 + bp}$$

其中　Q——一定温度下,瓦斯压力为 p 时,单位质量煤体吸附的瓦斯量,m³/t;

　　　a——极限吸附瓦斯量,一般为 15～55 m³/t;

　　　b——吸附常数,一般为 0.5～5.0 MPa⁻¹;

　　　p——瓦斯压力,MPa。

记 V_L 为煤的极限吸附量(m³/t),p_L 为朗缪尔压力常数(MPa),ρ_c 为煤的视密度(kg/m³),则朗缪尔方程也常表示为:

$$Q = \frac{V_L \rho_c p}{p + p_L} \tag{2-3}$$

2.2.2　游离态

瓦斯除了吸附态以外,还会以游离态赋存于煤的原生和次生裂隙以及孔隙中,这部分瓦斯不受吸附力束缚,可以自由运动,其含量占瓦斯总含量的 10%～20%。游离态的瓦斯气体具有显著的压缩性。表示瓦斯气体体积与其温度、孔隙压力和组分之间变化关系的方程称为气体状态方程。如果将游离态瓦斯气体看作理想气体,那么其状态方程服从 Boyle-Gay Lussac 定律:

$$\frac{p}{\rho} = \frac{RT}{M} \tag{2-4}$$

式中　p——气体压力,Pa;

　　　V——气体体积,m³;

　　　R——气体常数,取 8 314 m²/(s²·K);

　　　T——气体温度,K;

　　　M——气体的相对分子质量。

由于受气体自身的温度和压强等性质的影响,气体分子自身的体积以及分子间的相互作用力需要被考虑,因而实际气体状态方程需要在理想气体状态方程[式(2-4)]的基础上加以修正:

$$\frac{p}{\rho} = \frac{RTZ}{M} \tag{2-5}$$

式中　Z——压缩因子(偏差因子)。

进一步,考虑等温情况下气体压力 p 和密度 ρ 之间的关系,定义压缩系数为如下形式[157]：

$$C_f = -\frac{1}{\rho}\left(\frac{\partial \rho}{\partial p}\right)_T$$ (2-6)

将式(2-5)代入式(2-6)，则 C_f 与压缩因子 Z 之间满足如下等式：

$$C_f(p) = \frac{1}{p} - \frac{1}{Z(p)}\left[\frac{\mathrm{d}Z(p)}{\mathrm{d}p}\right]$$ (2-7)

2.3 瓦斯在煤体中的运移模式

2.3.1 吸附解吸

原始状态下，煤体微孔和小孔中赋存的吸附态瓦斯分子和大孔及裂隙中赋存的游离态瓦斯分子不断相互交换，两种赋存方式处于动态平衡。在采动等影响下，煤体介质的应力状态及瓦斯气体的压力条件发生改变，瓦斯分子原有的赋存状态之间的动态平衡被打破，吸附态瓦斯迅速脱离煤体表面解除吸附，处于游离状态，该过程称为瓦斯的解吸。大量试验结果表明：煤体对瓦斯的吸附与解吸是可逆的物理过程。

相关研究表明[158]：地应力直接影响煤层中瓦斯的气体压力。而煤层瓦斯的气体压力[159-162]、温度[163-164]、煤的变质程度[165-168]以及水分[169-170]等因素均影响瓦斯的吸附解吸。作为煤层瓦斯运移的初始环节，煤对瓦斯的吸附解吸能力关系煤层瓦斯的气体储量以及产出率[171]，因而描述吸附解吸的数学模型也是研究的重点问题。常见的吸附解吸数学模型有如下几种：

（1）Langmuir 模型

$$Q = \frac{V_L \rho_c p}{p + p_L}$$

（2）Freundlich 模型

$$V = V_F p^{N_F}$$ (2-8)

式中 V_F——F 系数，$\mathrm{m}^3/(\mathrm{MPa})^{NF}$；

N_F——F 指数，无量纲。

（3）L-F 模型

$$V = V_L \frac{K_b p^n}{1 + K_b p^n}$$ (2-9)

式中 K_b——兰氏结合常数。

（4）Bet 多分子层模型

$$\frac{p}{V(p_0 - p)} = \frac{1}{V_m C} + \frac{C-1}{V_m C} \cdot \frac{p}{p_0}$$ (2-10)

式中 p_0——室温下的饱和蒸气压，MPa；

V_m——Bet 单分子层吸附量，cm^3/g；

C——吸附热和被吸附气体有关的常数。

（5）吸附势理论模型

D-R 模型为：

$$V = V_0 \exp \left| - \left| \frac{RT}{\beta E} \ln \frac{p_0}{p} \right|^2 \right| \tag{2-11}$$

D-A 模型为：

$$V = V_0 \exp \left| - \left| \frac{RT}{\beta E} \ln \frac{p_0}{p} \right|^n \right| \tag{2-12}$$

式中　V_0——微孔的体积，cm^3；

　　　β——吸附物质和被吸附气体的亲和系数。

各个模型描述的吸附解吸均有一定的适用条件和成立的范围，没有适合所有情形的统一模型。单分子层吸附的朗缪尔模型由于其形式简单且取值方便，是当前工程研究中适用范围最广的模型，本书关于煤层中瓦斯的吸附解吸采用该模型描述。

实验室研究瓦斯的吸附解吸作用，常采用的方法是将煤样粉碎成要求粒度的颗粒再进行吸附解吸试验。在该试验条件下，煤样经过粉碎，没有裂隙存在，因而可以单独对解吸扩散的瓦斯进行测量。

2.3.2　扩散

当瓦斯由吸附态解吸为游离态进入孔隙空间，由于微孔尺寸与瓦斯气体平均自由程相当，解吸瞬间在浓度梯度作用下微孔中的游离态瓦斯从高浓度区域向低浓度区域运移。气体在浓度梯度作用下发生的质量传递称为瓦斯扩散。如果气体的浓度分布仅与位置有关，而与时间无关，在恒温和等压条件下，通常认为扩散符合菲克定律，即

$$J = -D \nabla C \tag{2-13}$$

其中　J——单位面积瓦斯的扩散速度，$kg/(m^2 \cdot s)$；

　　　D——扩散系数，m^2/s；

　　　C——瓦斯浓度，kg/m^3。

该定律描述了气体仅在浓度梯度驱动条件下将沿着浓度场的负梯度（下降最快）方向扩散，并且其扩散速度大小与浓度梯度成正比，此时的扩散与时间无关。

事实上，煤层中的瓦斯压力分布是非均匀的，并且相同位置的瓦斯压力会随时间的变化而变化，因而吸附态瓦斯的浓度分布不仅与位置有关，还会随时间的变化而变化，此时吸附态瓦斯在煤层（体）中的扩散根据质量守恒定律符合如下等式：

$$\frac{\partial C}{\partial t} = -\nabla \cdot (D \nabla C) \tag{2-14}$$

2.3.3　渗流

流体在多孔介质中任意两点之间的运动速度与两点之间的压力差 $\Delta p = p_1 - p_2$ 有关，Δp 越大，运动速度越大；还与两点之间的距离 $\Delta x = x_2 - x_1$ 有关，在压差不变的情况下，距离越大，速度越慢。一维流动示意图如图 2-10 所示。

图 2-10　一维流动示意图

若记速度为 q,压力梯度 J 和速度 q 之间存在确定的函数关系,对于黏滞阻力起主导作用的流动,即小 Reynolds 流动,阻力总是与速度的一次方成正比,即

$$q = kJ = k\frac{\mathrm{d}p}{\mathrm{d}x} \tag{2-15}$$

式(2-15)即达西定律。在绝大多数情况和一切工程实用目的下,系数 k 是由试验测定的经验常数。

2.3.4 煤层瓦斯运移的基本控制方程

2.3.4.1 基本假设

(1)煤体是由含有大量微孔隙的煤基质和复杂裂隙网络共同构成的连续多孔介质。

(2)瓦斯在煤基质的微孔隙中以吸附态存在,运移方式为浓度梯度驱动下的扩散;在裂隙中以游离态存在,运移方式为压力梯度驱动下的渗流。

(3)吸附态瓦斯解吸瞬间,在浓度梯度影响下,通过扩散进入裂隙成为裂隙中渗流瓦斯的源汇补充。

(4)裂隙及大孔中的游离态瓦斯,在压力梯度作用下进行渗流,渗流符合达西定律。

(5)游离态的瓦斯气体具有可压缩性,密度满足式(2-5)所示关系式。

2.3.4.2 煤层瓦斯运移的基本控制方程

分析煤层瓦斯流动规律,通常采用欧拉法或者拉格朗日法。本书采用欧拉法建立煤层中瓦斯流动的连续方程。如图 2-11 所示,研究区域中取一个具有代表性的小控制单元体,设该控制单元体以点 $w(x,y,z)$ 为中心,尺寸为 Δx、Δy、Δz。设裂隙介质中储层渗透参数是各向异性的,假定孔隙度为 φ,x、y、z 为渗透率主方向,对应的渗透率主值为 k_x、k_y、k_z,瓦斯密度为 ρ,瓦斯的质量通量为 J,即单位时间内通过单位面积的瓦斯质量为 J,J_x、J_y、J_z 为 J 在 x、y、z 方向的分量。

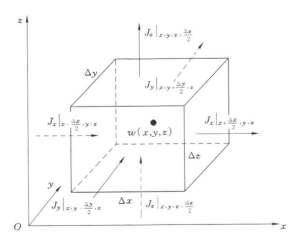

图 2-11　控制体的质量守恒

经过 Δt 时间,流经该控制单元体垂直于 x 轴方向的两个表面(左面和右面)的流体质量可以用它们的差值表示为:

$$[J_x\mid_{x-(\delta x/2),y,z} - J_x\mid_{x+(\delta x/2),y,z}]\delta y\delta z\delta t$$

在 w 点对 J_x 做泰勒展开,并忽略二阶以上的高阶项,则有:

$$-(\partial J_x/\partial x)\delta x\delta y\delta z\delta t$$

同理,对于垂直于 y、z 的两个方向做相同处理后将三者相加,即可以得到该控制单元体表面流入流出的瓦斯气体总量为:

$$-\left(\frac{\partial J_x}{\partial x}+\frac{\partial J_y}{\partial y}+\frac{\partial J_z}{\partial z}\right)\delta x\delta y\delta z\delta t$$

根据质量守恒定律,该量应与 δt 时刻内该控制单元体内瓦斯质量的变化相等,即

$$-\left(\frac{\partial J_x}{\partial x}+\frac{\partial J_y}{\partial y}+\frac{\partial J_z}{\partial z}\right)\delta x\delta y\delta z\delta t = [\partial(\rho\varphi\Delta V_0)/\partial t]\delta t$$

其中 $\Delta V_0 = \delta x\delta y\delta z = \text{const}$,为控制单元的体积。从而有:

$$\text{div } J + \frac{\partial(\rho\varphi)}{\partial t} = 0 \tag{2-16}$$

质量通量 J 可表示为 $J = \rho\mathbf{v} = \rho\varphi\mathbf{v}^*$,$\rho$ 和 $\mathbf{v}$ 表示平均值。将质量通量代入式(2-16)可得:

$$\frac{\partial(\rho v_x)}{\partial x}+\frac{\partial(\rho v_y)}{\partial y}+\frac{\partial(\rho v_z)}{\partial z}+\frac{\partial(\rho\varphi)}{\partial t} = 0 \tag{2-17}$$

根据达西定律,进一步可得:

$$\nabla\cdot\left(-\rho\frac{k}{\mu}\nabla p\right)+\frac{\partial m}{\partial t} = 0 \tag{2-18}$$

假设煤体中瓦斯由游离态和吸附态两个部分组成,则在图 2-11 所示控制单元体中,单位时间内的瓦斯质量改变,由游离态瓦斯的渗流和吸附态瓦斯的解吸扩散共同引起。

$$m = m_{游} + m_{吸} = \rho_{游}\varphi + m_{吸} \tag{2-19}$$

考虑游离态瓦斯气体的可压缩性,由式(2-5)有:

$$m_{游} = \rho_{游}\varphi = \frac{M}{RT}\frac{p}{Z}\varphi \tag{2-20}$$

假设孔隙中吸附态瓦斯的浓度变化符合朗缪尔方程[22],则有:

$$m_{吸} = V_L\rho_c\rho_0 \cdot p/(p+p_L) \tag{2-21}$$

即

$$m = \frac{M}{RT}\frac{p}{Z}\varphi + V_L\rho_c\rho_0 \cdot p/(p+p_L) \tag{2-22}$$

式中　ρ_0——标准状态下瓦斯的密度,kg/m^3;

　　　φ——含游离态瓦斯孔隙的孔隙率;

　　　$m_{游}$——游离态瓦斯质量,kg/m^3;

　　　$m_{吸}$——吸附态瓦斯质量,kg/m^3;

　　　c_f——瓦斯气体压缩系数;

　　　p——裂隙中瓦斯气体压力,MPa;

　　　p_0——标准大气压,MPa;

　　　Z——瓦斯的压缩因子。

因此有:

$$\frac{\partial\left(\frac{M}{RT}\frac{p}{Z}\varphi\right)}{\partial t} + V_L\rho_c\rho_0\frac{\partial[p/(p+p_L)]}{\partial t} - \nabla\left(\frac{M}{RT}\frac{p}{Z}\cdot\frac{k}{\mu}\nabla p\right) = 0 \tag{2-23}$$

等温情况下,式(2-23)可转换为:

$$\frac{M}{RT}\varphi\frac{\partial\left(\frac{p}{Z}\right)}{\partial t} + \frac{M}{RT}\frac{p}{Z}\frac{\partial\varphi}{\partial t} + V_L\rho_c\rho_0\frac{\partial[p/(p+p_L)]}{\partial t} - \frac{M}{RT}\nabla\left(\frac{p}{Z}\cdot\frac{k}{\mu}\nabla p\right) = 0 \quad (2\text{-}24)$$

根据式(2-7),将式(2-24)转换为用压缩系数表示的形式[169]:

$$\varphi c_f\frac{p}{Z}\frac{\partial p}{\partial t} + \frac{p}{Z}\frac{\partial\varphi}{\partial t} + \frac{RT}{M}V_L\rho_c\rho_0\frac{\partial[p/(p+p_L)]}{\partial t} - \frac{p}{Z}\cdot\frac{k}{\mu}\nabla^2 p - \nabla\left(\frac{p}{Z}\cdot\frac{k}{\mu}\right)\nabla p = 0$$

$$(2\text{-}25)$$

煤体外部荷载的变化以及流动期间瓦斯气体的孔隙压力的变化,均会导致煤体介质有效应力变化,使煤的孔隙率发生改变,从而最终影响瓦斯气体在煤体中的运移。第 3 章将在考虑煤体变形和煤对瓦斯吸附作用的基础上,采用参数辨识的方法得到受应力和孔隙压力影响的渗透率函数。

式(2-25)中含有游离态瓦斯占据的裂隙及大孔的孔隙率 φ,煤的极限吸附量 V_L,朗缪尔压力常数 p_L,游离态瓦斯气体的孔隙压力 p,煤的渗透率 k,这些量的获得均存在一定的难度,因而第 4 章考虑设计实验室中的瓦斯运移和渗透试验,配合适当的微分方程反分析数学方法,以期在无须区分测量孔隙和裂隙孔隙率的前提下,识别扩散源函数,从而得到瓦斯在煤体中渗流过程中的解吸扩散运移规律,为建立流固耦合模型研究煤层瓦斯涌出规律奠定基础。

2.4　本章小结

煤体作为一种可变形多孔吸附介质,外加荷载以及所通气体的孔隙压力势必会对其渗透特性产生影响。宏观上,这种影响表现为瓦斯在煤体中的渗流呈现随外加荷载及孔隙压力的非线性变化规律,即不再符合线性达西定律。

本章通过试验观测和理论分析等方法,研究了煤的微细观结构,分析了瓦斯在煤体中的赋存空间、赋存状态和运移模式,并建立了煤体中瓦斯渗流的连续性方程,得到以下结论:

(1)在所观察试样中,分布着丰富的孔径小于 65 nm 的扩散孔,在该类孔中瓦斯主要以吸附态存在,在其中的运移方式以扩散为主。

(2)在所观察试样中,分布着丰富的孔径大于 65 nm 的渗透孔、大孔以及微裂隙,瓦斯在这些孔裂隙的表面以吸附态存在,运移方式以渗透为主。

(3)给出了瓦斯在煤中的渗透系数以及煤的渗透率计算公式,建立了瓦斯运移的基本控制方程,为后续运移规律的研究奠定基础。

第 3 章　瓦斯渗透性参数的智能优化求解

　　第 2 章的研究结果表明：作为一种多孔介质，煤体中复杂的孔隙和裂隙结构为瓦斯的赋存及运移提供了空间和可能。在外加荷载和孔隙压力的作用下，煤体介质中的孔隙和裂隙结构会改变，从而影响瓦斯在其中的赋存及运移状态。煤层中瓦斯运移复杂性的原因之一是采动对煤层（体）渗透性的影响，开采解放层改善煤层对瓦斯的渗透性，就是基于采动引起的外加荷载和孔隙压力变化对煤层渗透率的影响。

　　因此本章研究在外加荷载和孔隙压力共同作用下的煤体孔隙结构改变对其渗透性的影响。建立受外加荷载和流体孔隙压力影响的瓦斯在煤体中的非线性渗透率函数，利用试验实测数据和瓦斯运移方程的解析解构造最小二乘模型，并通过改进的遗传初值高斯-牛顿法求解该模型，最终给出一种确定煤体渗透率函数中待定参数的方法。

3.1　外加荷载对瓦斯渗流规律的影响

　　在已有研究中，关于外加荷载（三轴渗流试验中控制的围压和轴压）在弹性阶段引起的介质变形导致孔隙率及渗透特性变化问题已基本达成共识。在加载初期，随着外加荷载的增加，多孔介质中的孔隙和裂隙被压缩减小，从而阻碍流体在多孔介质中的流动，使得流体流量减小[172]。

　　为了说明瓦斯在原煤试件中受应力的影响的渗流规律，即煤体介质的可变形特性对瓦斯渗透特性的影响，进行实验室内不同孔隙压力、不同轴压以及不同围压状态下瓦斯在原煤试件中的三轴渗透试验，试验采用自主研发的可变形多孔介质渗透测试仪，示意图如图 3-1 所示，试验气体采用吸附性氮气。

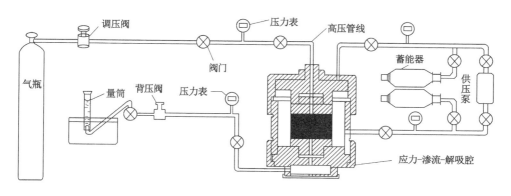

图 3-1　三轴稳态渗透试验系统示意图

3.1.1 试样的采集与制备

试验用煤样取自山西省保德矿 8$^{\#}$ 煤层,使用岩石切割机和 ZPM-200 型自动(手动)磨石机将现场采集到的煤样加工成直径为 50 mm、高度为 100 mm 的圆柱形标准试件备用,如图 3-2 所示。

(a)　　　　　　　　　　　　　　(b)

图 3-2　加工成型的原煤试件

3.1.2 试验方案

试验以外加荷载和孔隙压力为变量,考虑氮气气体在相同温度、不同轴压、不同围压以及不同孔隙压力状态下的受载煤体中的渗透特性。根据试验结果建立氮气渗流量与外加荷载和孔隙压力之间的关系,以研究瓦斯在原煤试件中受应力影响的渗流规律。

3.1.2.1 试验工况

为研究轴压和围压对煤样渗透率的影响,设计在表 3-1 所示工况下进行煤体试件中氮气的三轴稳态渗流试验,测量出口端的流量。

表 3-1　试验工况

围压/MPa	轴压/MPa	入口孔压/MPa
3	4、6、8、10、12	1.0、1.5
4	4、6、8、10、12	0.5、1.0、1.5、2.0
5	4、6、8、10、12	0.5、1.0、1.5、2.0、2.5
6	6、8、10、12	0.5、2.0、2.5
8	8、10、12	0.5、2.5

3.1.2.2 试验步骤

(1)连接装置,通气,检查气密性;

(2)用真空泵抽去煤样内空气,使煤样内气压降至 50 Pa 以下;

(3)打开围压加载系统所有阀门,缓慢向应力-渗流-解吸腔内的围压室和围压蓄能器中

加压至 2 MPa,关闭围压加载系统阀门;

（4）打开轴压加载系统所有阀门,缓慢向应力-渗流-解吸腔内的轴压室和轴压蓄能器中加压至 4 MPa,关闭轴压加载系统阀门;

（5）开启高压气罐和减压阀的阀门,将气体压力增大到 1.0 MPa,并保持气体压力不变,让煤样充分吸附气体 24 h;

（6）打开出气管阀门,待流量稳定后记录测得的气体的平均流量;

（7）按工况设计由低到高改变步骤（5）中入口气体压力至 1.0 MPa、1.5 MPa、2.0 MPa、2.5 MPa,重复步骤（5）和（6）;

（8）改变步骤（4）中轴压至 6 MPa、8 MPa、10 MPa、12 MPa,重复步骤（4）至步骤（7）;

（9）改变步骤（3）中围压至 4 MPa、5 MPa、6 MPa、8 MPa,重复步骤（3）至步骤（8）。

3.1.3　试验数据整理分析

通过试验实测得到孔隙压力为 0.5 MPa 情况下改变外加荷载时试件一端的气体流量见表 3-2。将表 3-2 中的数据分别按照相同围压不同轴压和相同轴压不同围压绘制变化曲线（图 3-3 和图 3-4）,以观察三轴稳态渗流试验渗流量随围压和轴压的变化规律。

表 3-2　入口孔压为 0.5 MPa 时不同轴压、围压下渗流量原始数据

试验序号	围压/MPa	轴压/MPa	入口压力/MPa	平均流量/(mL/s)
1	3	4	0.5	0.697
2	3	6	0.5	0.646
3	3	8	0.5	0.639
4	3	10	0.5	0.639
5	3	12	0.5	0.624
6	4	4	0.5	0.578
7	4	6	0.5	0.472
8	4	8	0.5	0.453
9	4	10	0.5	0.396
10	4	12	0.5	0.396
11	5	4	0.5	0.415
12	5	6	0.5	0.313
13	5	8	0.5	0.283
14	5	10	0.5	0.262
15	5	12	0.5	0.253
16	6	6	0.5	0.248
17	6	8	0.5	0.219

表 3-2(续)

试验序号	围压/MPa	轴压/MPa	入口压力/MPa	平均流量/(mL/s)
18	6	10	0.5	0.198
19	6	12	0.5	0.180
20	8	8	0.5	0.181
21	8	10	0.5	0.143
22	8	12	0.5	0.142

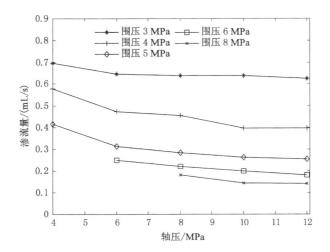

图 3-3　入口孔压为 0.5 MPa 时渗流量随轴压变化曲线

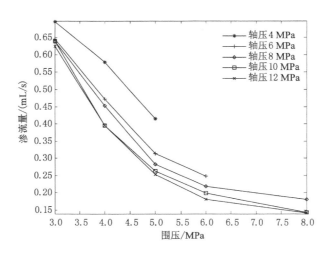

图 3-4　入口孔压为 0.5 MPa 时渗流量随围压变化曲线

　　由图 3-3 和图 3-4 可知:保持煤体试件的围压不变,随着轴压的增大,渗流量呈现非线性减小的变化趋势。保持煤体试件的轴压不变,随着围压的增大,渗流量也呈现非线性减小的变化趋势。轴压和围压的变化会使得煤体试件的有效应力增大,而随着有效应力的增大,煤样的渗透率呈现非线性减小规律,这和前人研究结论一致。

通过试验实测得到孔隙压力为 1.0 MPa 情况下改变外加荷载时试件一端的气体流量,见表 3-3。

表 3-3　入口孔压为 1.0 MPa 时不同轴压、围压下渗流量原始数据

试验序号	围压/MPa	轴压/MPa	入口压力/MPa	平均流量/(mL/s)
1	2	4	1.0	2.928
2	2	6	1.0	2.842
3	2	8	1.0	2.624
4	2	10	1.0	2.592
5	2	12	1.0	2.057
6	3	4	1.0	1.674
7	3	6	1.0	1.528
8	3	8	1.0	1.490
9	3	10	1.0	1.485
10	3	12	1.0	1.431
11	4	4	1.0	0.918
12	4	6	1.0	0.801
13	4	8	1.0	0.751
14	4	10	1.0	0.700
15	4	12	1.0	0.667
16	5	4	1.0	0.583
17	5	6	1.0	0.494
18	5	8	1.0	0.417
19	5	10	1.0	0.365
20	5	12	1.0	0.343

将表 3-3 中的数据分别按照相同围压不同轴压和相同轴压不同围压绘制变化曲线(图 3-5 和图 3-6),以观察三轴稳态渗流试验渗流量随围压和轴压的变化规律。由图 3-5 和图 3-6 可知:保持煤体试件的围压不变,随着轴压的增大,渗流量呈现非线性减小的趋势。保持煤体试件的轴压不变,随着围压的增大,渗流量也呈现非线性减小的趋势。孔隙压力为 1.0 MPa 时与孔隙压力为 0.5 MPa 时的变化趋势基本一致。

将图 3-3 和图 3-5 进行对比容易发现:两种孔隙压力条件下,渗流量均随着轴压的增大而减小。将图 3-4 和图 3-6 进行对比容易发现:两种孔隙压力条件下,渗流量均随着围压的增大而减小。相同围压和轴压条件下,孔隙压力为 1.0 MPa 时的渗流量明显大于孔隙压力为 0.5 MPa 时的渗流量。由此可以看出:不仅煤体试件受到的外加荷载会影响渗流,气体的孔隙压力也会影响渗透规律。一定条件下,孔隙压力增大,渗流量增加,外加荷载增大,渗流量减小,并且这两种变化均是非线性的。

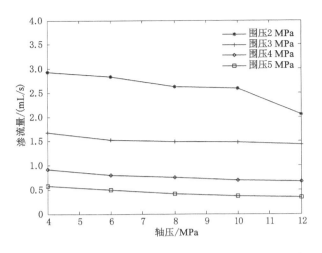

图 3-5　入口孔压为 1.0 MPa 时渗流量随轴压变化曲线

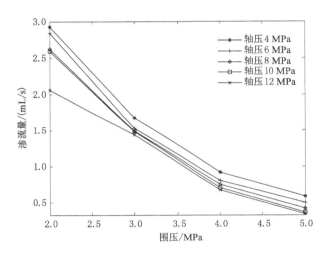

图 3-6　入口孔压为 1.0 MPa 时渗流量随围压变化曲线

通过试验实测得到孔隙压力为 1.5 MPa 情况下改变外加荷载时试件一端的气体流量，见表 3-4。

表 3-4　入口孔压为 1.5 MPa 时不同轴压、围压下渗流量原始数据

试验序号	围压/MPa	轴压/MPa	入口压力/MPa	平均流量/(mL/s)
1	2	4	1.5	6.283
2	2	6	1.5	5.946
3	2	8	1.5	5.978
4	2	10	1.5	5.809
5	2	12	1.5	4.924
6	3	4	1.5	3.672

表 3-4（续）

试验序号	围压/MPa	轴压/MPa	入口压力/MPa	平均流量/(mL/s)
7	3	6	1.5	3.523
8	3	8	1.5	3.401
9	3	10	1.5	3.364
10	3	12	1.5	3.289
11	4	4	1.5	1.921
12	4	6	1.5	1.702
13	4	8	1.5	1.603
14	4	10	1.5	1.564
15	4	12	1.5	1.481
16	5	4	1.5	1.349
17	5	6	1.5	1.039
18	5	8	1.5	0.922
19	5	10	1.5	0.887
20	5	12	1.5	0.343

　　将表 3-4 中的数据分别按照相同围压不同轴压和相同轴压不同围压绘制变化曲线（图 3-7 和图 3-8），以观察三轴稳态渗流试验渗流量随围压和轴压的变化规律。

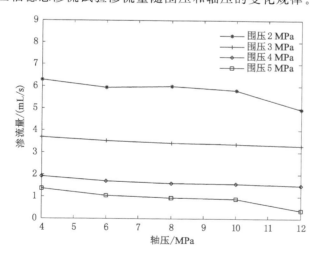

图 3-7　入口孔压为 1.5 MPa 时渗流量随轴压变化曲线

　　由图 3-7 和图 3-8 可知：保持煤体试件的围压不变，随着轴压的增大，渗流量呈现非线性减小的趋势。保持煤体试件的轴压不变，随着围压的增大，渗流量也呈现非线性减小的趋势。在孔隙压力为 1.5 MPa 的情况下与孔隙压力为 1.0 MPa 和 0.5 MPa 时的变化趋势基本一致。将图 3-7 和图 3-3 以及图 3-5 进行对比，容易发现：三种孔隙压力条件下，渗流量均随着轴压的增大而减小。

　　将图 3-8 和图 3-4 以及图 3-6 进行对比，容易发现：三种孔隙压力条件下，渗流量均随着

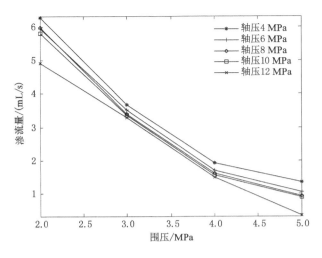

图 3-8　入口孔压为 1.5 MPa 时渗流量随围压变化曲线

围压的增大而减小。相同围压和轴压条件下,孔隙压力为 1.5 MPa 时的渗流量明显大于孔隙压力为 1.0 MPa 和 0.5 MPa 时的渗流量。并且随着孔隙压力的减小,对应流量呈现减小的趋势。由此可以看出:不仅煤体试件受到的外加荷载会影响渗流,气体的孔隙压力也会影响渗流。一定条件下,孔隙压力增大,渗流量增大,外加荷载增大,渗流量减小,并且这两种变化均是非线性的。

通过试验实测得到孔隙压力为 2.0 MPa 情况下改变外加荷载时试件一端的气体流量,见表 3-5。

表 3-5　入口孔压为 2.0 MPa 时不同轴压、围压下渗流量原始数据

试验序号	围压/MPa	轴压/MPa	入口压力/MPa	平均流量/(mL/s)
1	3	4	2.0	6.289
2	3	6	2.0	5.656
3	3	8	2.0	5.858
4	3	10	2.0	5.325
5	3	12	2.0	5.231
6	4	4	2.0	3.338
7	4	6	2.0	2.730
8	4	8	2.0	2.648
9	4	10	2.0	2.549
10	4	12	2.0	2.220
11	5	4	2.0	2.543
12	5	6	2.0	1.898
13	5	8	2.0	1.759
14	5	10	2.0	1.724

表 3-5 (续)

试验序号	围压/MPa	轴压/MPa	入口压力/MPa	平均流量/(mL/s)
15	5	12	2.0	1.661
16	6	4	2.0	1.641
17	6	6	2.0	1.123
18	6	8	2.0	0.996
19	6	10	2.0	0.645
20	6	12	2.0	0.421

　　将表 3-5 中的数据分别按照相同围压不同轴压和相同轴压不同围压绘制变化曲线(图 3-9 和图 3-10),以观察三轴稳态渗流试验渗流量随围压和轴压的变化规律。

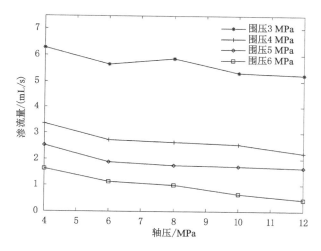

图 3-9　入口孔压为 2.0 MPa 时渗流量随轴压变化曲线

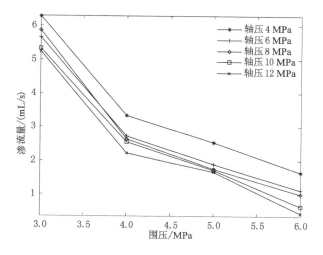

图 3-10　入口孔压为 2.0 MPa 时渗流量随围压变化曲线

由图 3-9 和图 3-10 可知：保持煤体试件的围压不变，随着轴压的增大，渗流量呈现非线性减小的趋势。保持煤体试件的轴压不变，随着围压的增大，渗流量呈现非线性减小的趋势。在孔隙压力为 2.0 MPa 的情况下与前面孔隙压力为 1.5 MPa、1.0 MPa 和 0.5 MPa 时的变化趋势基本一致。将图 3-10 和图 3-4、图 3-6 以及图 3-8 进行对比，容易发现：四种孔隙压力条件下，渗流量均随着轴压的增大而减小。将图 3-9 和图 3-3、图 3-5 以及图 3-7 进行对比，容易发现：四种孔隙压力条件下，渗流量均随着围压的增大而减小。相同围压和轴压条件下，孔隙压力为 2.0 MPa 时的流量明显大于孔隙压力为 1.5 MPa、1.0 MPa 和 0.5 MPa 时的渗流量。并且随孔隙压力的减小，对应渗流量呈现减小的趋势。由此可以看出：不仅煤体试件受到的外加荷载会影响渗流，而且气体的孔隙压力也会影响渗透规律。一定条件下，孔隙压力增大，渗流量增大，外加荷载增大，渗流量减小，并且这两种变化均是非线性的。

通过试验实测得到孔隙压力为 2.5 MPa 情况下改变外加荷载时试件一端的气体流量，见表 3-6。

表 3-6　入口孔压为 2.5 MPa 时不同轴压、围压下渗流量原始数据

试验序号	围压/MPa	轴压/MPa	入口压力/MPa	平均流量/(mL/s)
1	4	4	2.5	26.386
2	4	6	2.5	19.987
3	4	8	2.5	18.673
4	4	10	2.5	18.568
5	4	12	2.5	17.654
6	5	4	2.5	15.038
7	5	6	2.5	10.792
8	5	8	2.5	9.374
9	5	10	2.5	9.075
10	5	12	2.5	8.305
11	6	4	2.5	7.494
12	6	6	2.5	7.491
13	6	8	2.5	6.814
14	6	10	2.5	6.224
15	6	12	2.5	5.494
16	8	6	2.5	4.5
17	8	8	2.5	3.714
18	8	10	2.5	3.383
19	8	12	2.5	2.820

将表 3-6 中的数据分别按照相同围压不同轴压和相同轴压不同围压绘制变化曲线（图 3-11 和图 3-12），以观察三轴稳态渗流试验渗流量随围压和轴压的变化规律。

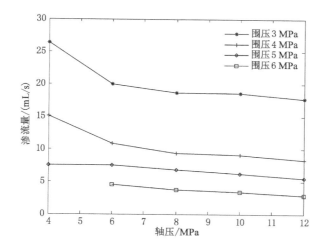

图 3-11　入口孔压为 2.5 MPa 时渗流量随轴压变化曲线

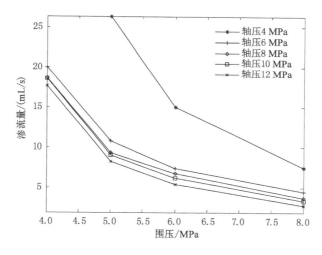

图 3-12　入口孔压为 2.5 MPa 时渗流量随围压变化曲线

由图 3-11 和图 3-12 可知：保持煤体试件的围压不变，随着轴压的增大，渗流量呈现非线性减小的趋势。保持煤体试件的轴压不变，随着围压的增大，渗流量也呈现非线性减小的趋势。在孔隙压力为 2.5 MPa 的情况下与前面孔隙压力为 2.0 MPa、1.5 MPa、1.0 MPa 和 0.5 MPa 时的变化趋势基本一致。将图 3-12 和图 3-4、图 3-6、图 3-8 以及图 3-10 进行对比，容易发现：四种孔隙压力条件下，渗流量均随着轴压的增大而减小。将图 3-11 和图 3-3、图 3-5、图 3-7 以及图 3-9 进行对比，容易发现：五种孔隙压力条件下，渗流量均随着围压的增大而减小。相同围压和轴压条件下，孔隙压力为 2.5 MPa 时的渗流量明显大于孔隙压力为 2.0 MPa、1.5 MPa、1.0 MPa 和 0.5 MPa 时的渗流量。并且随着孔隙压力的减小，对应渗流量呈现减小的趋势。由此可以看出：不仅煤体试件受到外加荷载会影响渗流，气体的孔隙压力也会影响渗透规律。一定条件下,孔隙压力增大,渗流量增大,外加荷载增大,渗流量减小,并且这两种变化均是非线性的。

对表 3-2 至表 3-6 中的数据进行分析,整理得出:

(1) 相同孔隙压力和相同的围压条件下,不同的轴压所对应的渗流量;

(2) 相同孔隙压力和相同的轴压条件下,不同的围压所对应的渗流量;

(3) 相同的轴压和围压条件下,不同的孔隙压力所对应的渗流量。

直观起见,将整理得到的数据绘制成曲线,如图 3-13、图 3-14 和图 3-15 所示。

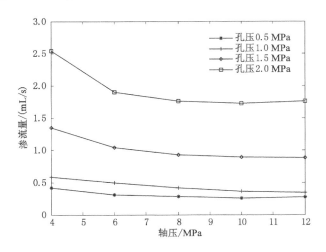

图 3-13 渗流量随轴压变化曲线

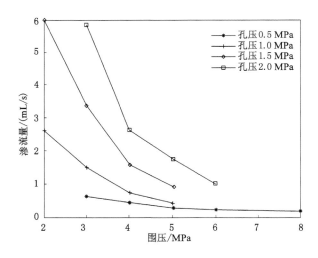

图 3-14 渗流量随围压变化曲线

由图 3-13、图 3-14 可知:在孔隙压力一定的前提下,气体的渗流量随着轴压的增大呈递减趋势,并且随着围压的增大也呈递减趋势。由图 3-15 可知:对于相同的轴、围压,渗流量随着孔隙压力的增大而增大,对于相同的孔隙压力,体积应力较高的情况对应的曲线位于较低情况的下方,即渗流量随着体积应力的增大呈降低的变化趋势。在外加荷载作用下,

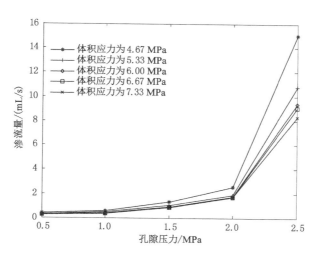

图 3-15　渗流量随孔隙压力变化曲线

原煤介质的孔、裂隙被压缩,气体的有效渗流空间变小,从而渗流量降低,上述试验中渗流量的变化趋势反映了随外加荷载增大,渗流量减小的现象,与前人得到的结论一致[22,76]。

3.2　气体压力对瓦斯渗流规律的影响

关于孔隙中的流体压力对介质渗透特性的影响,相关研究结果表明:对于液体,孔隙压力的作用会使得介质的孔隙扩展,从而使得渗透能力增强。而对于可变形的煤体中的具有吸附性的气体的情况就较为复杂了[64]。孔隙压力的增大,一方面会使得孔隙扩展,另一方面,由于吸附量增加,吸附膨胀应力又会导致介质孔隙结构的变化,最终影响吸附性气体在可变形煤体介质中的渗透[173-176]。王刚等[177]通过采用型煤试件进行三轴渗透试验,得出了渗透率随孔隙压力增大而逐渐减小的结论。而文献[178-179]的研究结论指出:随着气体压力的增大,渗流量与气体压力之间呈二次函数或幂函数关系增加。并且在低压阶段,由于Klinkenberg效应,渗透率还会出现随气体压力增大而先减小后增大的变化趋势[179]。

为了揭示孔隙压力对吸附性气体在煤体中渗流的影响,分别采用氦气和氮气进行相同外加荷载,不同压差,不同进、出口气压条件下的三轴渗透试验。通过在三轴渗流仪的出口端增加高压背压阀和压力表,控制固定的孔隙压力差,研究孔隙压力与渗透率函数之间的关系,进而建立受外加荷载和孔隙压力影响的煤体中吸附性气体渗流模型。

3.2.1　试验方案

试验以孔隙压力为变量,分别考虑氦气和氮气在相同温度、相同轴压、相同围压、相同孔隙压力差、不同孔隙压力状态下的受载煤体中的渗透特性。根据试验结果研究氮气在原煤试件中受孔隙压力影响的渗流规律,以及通过两种气体渗流结果的对比分析,反映煤体介质对气体的吸附性对气体渗流的影响。

3.2.1.1　试验工况

试验分别采用氮气和氦气,在表 3-7 所示工况下进行三轴稳态渗透试验。控制围压和轴压保持不变,分别测试件两端的压力差为 1 MPa 时氮气和氦气由出口端流出的气体流量。

表 3-7 定压差试验的工况
单位:MPa

气体类型	围压	轴压	入口孔压	出口孔压
N_2	4	6	1.1	0.1
N_2	4	6	1.5	0.5
N_2	4	6	2	1
N_2	4	6	2.5	1.5
N_2	4	6	3	2
He	4	6	1.1	0.1
He	4	6	1.5	0.5
He	4	6	2	1
He	4	6	2.5	1.5
He	4	6	3	2

3.2.1.2 试验步骤

(1) 连接装置,通气,检查气密性;

(2) 用真空泵抽去煤样内空气,使煤样内气压降至 50 Pa 以下;

(3) 打开围压加载系统所有阀门,缓慢对应力-渗流-解吸腔内的围压室和围压蓄能器加压至 4 MPa,关闭围压加载系统阀门;

(4) 打开轴压加载系统所有阀门,缓慢对应力-渗流-解吸腔内的轴压室和轴压蓄能器加压至 6 MPa,关闭轴压加载系统阀门;

(5) 开启高压气体罐和减压阀的阀门,将氮气压力加到 1.1 MPa,并保持气体压力不变,让煤样充分吸附氮气 24 h;

(6) 开出气管阀门,控制出口端氮气压力为 0.1 MPa,待流量稳定后记录采用排水法测得的气体的平均流量;

(7) 分别改变入口端孔隙压力至 1.5 MPa、2 MPa、2.5 MPa、3 MPa,吸附平衡后控制出口端压力与入口端压力差为 1 MPa,待流量稳定后测相应的平均流量;

(8) 重复步骤(1)至步骤(4),改用氦气,入口压力为 1.5 MPa、2.0 MPa、2.5 MPa、3.0 MPa,控制两端压力差为 1 MPa,待流量稳定后记录采用排水法测得的气体的平均流量。

3.2.2 试验数据整理分析

按照 3.2.1 试验方案和试验步骤分别进行氮气和氦气在原煤试件中的三轴稳态渗流试验,得到的试验测试结果见表 3-8 至表 3-11。

表 3-8　压力差为 1.0 MPa 时氮气和氦气渗流试验原始数据

试验序号	围压/MPa	轴压/MPa	入口压力/MPa	出口压力/MPa	平均气压/MPa	平均流量/(mL/s)	气体类型
1	4	6	1.1	0.1	0.608 5	0.073 2	氮气
2	4	6	1.5	0.5	1.109 5	0.142 0	氮气
3	4	6	2.0	1.0	1.512 0	0.198 0	氮气
4	4	6	2.5	1.5	2.012 0	0.360 0	氮气
5	4	6	3.0	2.0	2.506 5	0.462 0	氮气
6	4	6	1.1	0.1	0.608 5	0.168 0	氦气
7	4	6	1.5	0.5	1.109 5	0.358 0	氦气
8	4	6	2.0	1.0	1.512 0	0.531 0	氦气
9	4	6	2.5	1.5	2.012 0	0.833 0	氦气
10	4	6	3.0	2.0	2.506 5	1.227 0	氦气

表 3-9　压力差为 0.5 MPa 时氮气渗流试验原始数据

试验序号	围压/MPa	轴压/MPa	入口压力/MPa	出口压力/MPa	平均气压/MPa	平均流量/(mL/s)	气体类型
1	4	6	1.1	0.6	0.85	0.022 5	氮气
2	4	6	1.6	1.1	1.35	0.073 5	氮气
3	4	6	2.0	1.5	1.75	0.063 8	氮气
4	4	6	2.5	2.0	2.25	0.178 0	氮气
5	4	6	3.0	2.5	2.75	0.284 0	氮气

表 3-10　压力差为 1.5 MPa 时氮气渗流试验原始数据

试验序号	围压/MPa	轴压/MPa	入口压力/MPa	出口压力/MPa	平均气压/MPa	平均流量/(mL/s)	气体类型
1	4	6	1.6	0.1	0.85	0.154	氮气
2	4	6	2.0	0.5	1.25	0.145	氮气
3	4	6	2.5	1.0	1.75	0.459	氮气
4	4	6	3.0	1.5	2.25	0.615	氮气
5	4	6	3.5	2.0	2.75	0.997	氮气

表 3-11　压力差为 2.0 MPa 时氮气渗流试验原始数据

试验序号	围压/MPa	轴压/MPa	入口压力/MPa	出口压力/MPa	平均气压/MPa	平均流量/(mL/s)	气体类型
1	4	6	2.0	0.1	1.05	0.095	氮气
2	4	6	2.5	0.5	1.5	0.458	氮气
3	4	6	3.0	1.0	2.0	0.718	氮气
4	4	6	3.5	1.5	2.5	1.112	氮气

根据表 3-8 中数据,得到试件入口处和出口处压力差为 1.0 MPa 条件下,氦气和氮气在不同的平均孔隙压力条件下的渗流量,绘制出两种气体的渗流量随平均孔隙压力变化曲线,如图 3-16 所示。

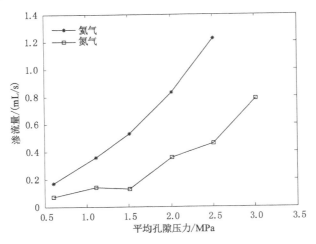

图 3-16 压力差为 1.0 MPa 条件下氦气和氮气渗流量对比

由图 3-16 可知:氦气和氮气,在试件两端压力差相同的情况下,其渗流量随着平均孔隙压力增加均呈现增大趋势,并且在相同条件下,吸附性较强的氮气的渗流量明显低于吸附性较弱的氦气。在线性达西定律下,渗流量与孔隙压力梯度之间是线性关系,即在相同的孔隙压力梯度下,渗流量不改变。显然,对于气体在原煤试件中的渗流规律,不再符合线性达西定律。即流体的孔隙压力影响流体在介质中的通过能力,还影响介质对气体的吸附性,因而研究具有吸附性的氮气在原煤试件中的渗流时应考虑孔隙压力的影响。

根据表 3-8 和表 3-9 中氮气的渗透试验结果,绘制出不同压力差条件下氮气渗流量随平均孔隙压力变化曲线,如图 3-17 所示。

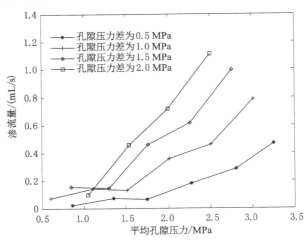

图 3-17 不同压力差条件下氮气的渗流量随平均孔隙压力变化曲线

如图 3-17 所示,在试件两端压力差不变的情况下,随着平均孔隙压力的增大,氮气的渗流量呈非线性增大趋势,渗流量与孔隙压力梯度之间不再是简单的线性关系。可见,再利用线性达西定律来研究渗流规律是不合适的。寻找合适的受外加荷载及孔隙压力影响的渗透率函数,并给出该函数的有效可行的求解方法,对于吸附性气体在可变形煤体试件中渗流规律的研究具有非常重要的意义。

另外,如图 3-17 所示,采用吸附性极小的氦气与具有较强吸附性的氮气,在相同的工况下,试件出口端的流量具有明显差异。具有较强吸附性的氮气的流量明显小于吸附性较小的氦气,这说明气体在煤体试件的渗流过程中气体的吸附性对渗流产生了一定的影响。

3.3　煤层中瓦斯的渗透率函数及其反分析方法

瓦斯在煤体中的运移规律关系煤矿的瓦斯涌出量预测、突出危险性及瓦斯抽放难易程度评价,直接影响煤与瓦斯共采过程中瓦斯抽采方法的选择,进而影响矿井瓦斯的抽放设计。能否合理地给出煤体的渗透率,研究清楚瓦斯在煤体中的渗流规律,是关系煤矿的安全开采及瓦斯的合理开发利用的关键因素。

作为一种可变形多孔介质,煤体在形变的时候,包含在其中的孔隙也会随之改变,这样就会引起在孔隙空间中赋存并运移的气体流动也变化。与此同时,孔隙中的气体压力又会参与孔隙结构的改变和煤体的变形。因此,煤体中气体的运移是煤体变形同气体运动共同作用的结果[180-181]。同时,煤对瓦斯所具有吸附特性、瓦斯的吸附解吸作用以及在低压条件下瓦斯的滑脱效应等均会对瓦斯的运移产生影响。宏观上,这种影响表现为即便在低压、小雷诺数的一维等温稳定渗流阶段,渗流过程中煤体的渗透率也是关于孔隙压力及外加荷载的含有 3 个待定参数的非线性函数而不是常数。渗透率函数中的参数,可以通过质量守恒归结为求解非线性最小二乘问题[182]。

由于该模型的高度非线性,采用高斯-牛顿法等方法求解时初值获得较为困难,采用遗传算法等方法求解时收敛速度慢,都难以快速、精确地得到理想结果。因此,应用了一种基于改进遗传算法提供初值的拟牛顿法,综合利用搜索法和迭代法,从而有效求解所建立的模型,快速并准确地得到原煤试件的非线性渗透率。

3.3.1　参数辨识的非线性最小二乘模型

在达西定律的基础上,考虑受外加荷载和孔隙压力影响的非线性渗透率函数,即

$$\frac{Q}{S} = V = \frac{k(p,\sigma)}{\mu}\frac{\mathrm{d}p}{\mathrm{d}x} = \frac{K(p,\sigma)}{\rho_0 g}\frac{\mathrm{d}p}{\mathrm{d}x} \tag{3-1}$$

式中　Q——气体体积流量,$\mathrm{m^3/s}$;

　　　ρ_0——标准状态下瓦斯的密度,$\mathrm{kg/m^3}$;

　　　k——渗透率;

　　　S——试件的截面积,$\mathrm{m^2}$;

　　　K——气体的渗透系数,$\mathrm{m/s}$;

　　　g——重力加速度,$\mathrm{m/s^2}$。

　　渗流量是在外加荷载、孔隙压力以及孔隙压力梯度共同作用下产生的,其中后两个因素在渗流试验的过程中是相互关联并且变化的。

　　在三轴渗流试验中,控制试件的外加荷载、出入口孔隙压力及试验温度,则在稳定渗流阶段有:

$$\frac{\mathrm{d}}{\mathrm{d}x}\left[\frac{M}{RT}\frac{p}{Z}\frac{k(p,\sigma)}{\mu}\frac{\mathrm{d}p}{\mathrm{d}x}\right]=0 \tag{3-2}$$

　　进而可以得到如下的定解问题:

$$\begin{cases} \dfrac{\mathrm{d}}{\mathrm{d}x}\left[p\dfrac{k(p,\sigma)}{\mu}\dfrac{\mathrm{d}p}{\mathrm{d}x}\right]=0 \\ p(x=0)=p_2 \\ p(x=1)=p_1 \end{cases} \tag{3-3}$$

　　解该微分方程得:

$$Q_{标}=p\frac{k(p,\sigma)}{\mu}\frac{\mathrm{d}p}{\mathrm{d}x}S=\frac{F(p_2,\sigma)-F(p_1,\sigma)}{L}S \tag{3-4}$$

　　其中,$F(p,\sigma)$为$pk(p,\sigma)/\mu$的原函数,将渗透率函数$k(p,\sigma)$的函数关系代入式(3-4)得到标准气压下流量的计算值$Q_{标}$,再配合试验所测得的实际流量$Q_{测}$,构造非线性最小二乘模型,即可确定所设的渗透系数函数中的待定参数,从而最终确定渗透系数函数。构造合适的渗透系数函数,克服非线性最小二乘模型求解的初值依赖问题,是求解该模型的关键。参考已有研究结论,考虑到气体的滑脱效应[183]和吸附作用,设渗透率函数为:

$$k(p,\sigma)=k_0\left(1+\frac{x_1}{p}\right)\mathrm{e}^{x_2p-x_3\sigma} \tag{3-5}$$

　　则$pk(p,\sigma)/\mu$的原函数为:

$$\begin{aligned} F(p,\sigma)&=\int p\frac{k(p,\sigma)}{\mu}\mathrm{d}p=\int p\frac{k_0}{\mu}\left(1+\frac{x_1}{p}\right)\mathrm{e}^{x_2p-x_3\sigma}\mathrm{d}p \\ &=\frac{k_0}{\mu}\mathrm{e}^{-x_3\sigma}\int(p+x_1)\mathrm{e}^{x_2p}\mathrm{d}p=\frac{k_0}{\mu}\mathrm{e}^{-x_3\sigma}\frac{1}{x_2}\int(p+x_1)\mathrm{d}\mathrm{e}^{x_2p} \\ &=\frac{k_0}{x_2\mu}\mathrm{e}^{-x_3\sigma}\left[(p+x_1)\mathrm{e}^{x_2p}-\int\mathrm{e}^{x_2p}\mathrm{d}p\right]=\frac{k_0}{x_2\mu}\mathrm{e}^{-x_3\sigma}\left(p+x_1-\frac{1}{x_2}\right)\mathrm{e}^{x_2p-x_3\sigma} \end{aligned} \tag{3-6}$$

　　代入n次稳定渗流试验中控制的外加荷载和出、入口孔隙压力,以及实测的出口端流量数据,上述问题可转化为最小二乘模型:

$$\min f(x_1,x_2,x_3)=\sum_{j=1}^{n}\left[\frac{F(p_{2j},\sigma_j)-F(p_{1j},\sigma_j)}{L}S-Q_j\right]^2 \tag{3-7}$$

　　虽然考虑外加荷载和孔隙压力对渗透率的影响,渗流不再符合线性达西定律,但是经验表明:按达西定律求解出的渗透率,与实际渗透率不会有数量级的差异,因此可以考虑使用达西定律前提下的渗透率为估值,帮助确定初值的取值范围。该模型中待定参数的范围,根据实际的物理意义和数量级背景,参数k_0为试件的原始渗透率;指数部分,前面的系数部分$(1+x_1/p)$体现了气体的滑脱作用对渗透率的影响,其取值应为正数且不超过2,因而参考试验中的平均孔隙压力,将参数x_1的取值范围定为$(-1,1)$;参数x_2的意义是孔隙压力对煤体介质变形的影响在渗流中的反映,在以拉为正压为负的前提下,其取值范围定为$(0,1)$;参数x_3反映的是外加荷载对渗流的影响,其取值范围定为$(0,1)$。

3.3.2　遗传初值的高斯-牛顿法

3.3.2.1　方法的基本思想

当渗透系数为非线性函数时,反分析问题构造出的是非线性最小二乘问题,求解非线性最小二乘问题最经典的方法就是高斯-牛顿法。该方法的基本思想是:基于导数,定出初始搜索方向,然后从初始条件出发逐步迭代寻找最优解。近年来,围绕收敛速度演变出了多种改进的高斯-牛顿法,为了避免求导数带来的大量运算,有学者提出了不依赖导数的拟牛顿法[184]。但是无论增加阻尼因子还是不依赖导数,始终解决不了该类方法严重的初值依赖问题。而本书所建立的非线性最小二乘模型,其初值的获得非常困难,因此求解该问题的关键是如何寻求合适的初值。

遗传算法,是一种启发式随机搜索算法,利用转移概率规则来指导搜索,通过编码、复制、交换、变异等操作来模拟生物物种的自适应进化过程,实现对目标函数的优化。本书选择遗传算法进行初值寻找的主要原因是考虑了其所具有的如下两个方面的优势[185]:

(1)遗传算法回避了导数运算,以目标函数值为直接搜索信息,降低了算法的运算量和难度。

(2)遗传算法属于多点并行搜索,搜索速度快,范围大,从而降低了结果陷入局部极小值的可能。

在前人研究的基础上,利用遗传算法的优势来计算初值,在此基础上最终利用不依赖导数的拟牛顿法求解非线性最小二乘模型。将搜索法和迭代法相互结合,各取所长。但是运算速度和计算量成为制约该方法的关键因素,初值寻找的速度和精度直接影响该算法能否进行。鉴于此,应用了一种改进的遗传算法,在传统遗传算法的基础上进行合理优化,大幅度提高初值计算的速度和精度,从而使得该算法可以顺利求解所建立的数学模型。算法总体流程如图 3-18 所示。

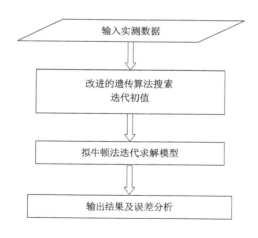

图 3-18　算法总体流程图

3.3.2.2　遗传算法的改进

由于遗传算法搜索空间巨大,在避免陷入局部极小值时会带来运算速度慢的问题,从

而导致参数反演过程计算量过大,具体表现在以下三个方面:

(1) 在初始群体规模的选择上,理论上规模越大,越容易得到精度高的结果,但是初始群体规模增大势必会导致在下面的遗传操作中付出巨大的运算代价,而初始群体规模太小,又会使迭代次数增加,也会降低搜索速度。

(2) 在复制阶段若完全按照自然界的自适应法则进化,其速度往往很慢,反映在运算上,即迭代次数多,运算量巨大,并且很容易不收敛,陷入死循环。

(3) 在交换环节,因同代中往往存在相同个体,若单纯随机选择个体交换,无法保证交换的有效性。

本书采用了改进的遗传算法,在传统的遗传算法基础上做了以下几个方面的改进:在初始种群的选取上借鉴海选方法,采取普遍发展、择优录用的策略,即先大规模随机生成种群,然后在种群中选取最优的部分进行后面的遗传操作;在复制阶段加入判断准则,仿照"优生",只允许好的个体进行复制,加快了进化速度;在交换之前进行判断,保证不同的个体之间进行真正有效的交换。

具体的算法如下:

(1) 编码:根据问题的实际意义,选取个体长度用来储存二进制编码。

(2) 生成初始种群:采用随机生成的方法产生大规模初始种群。

(3) 确定适应度函数:按数值大为适应度好的规定,取最小二乘目标函数的倒数为适应度函数,并计算初始种群中各个个体的适应度。

(4) 优选个体:选取适应度最好的部分个体进行下面的遗传操作。

(5) 优生复制:计算个体的复制概率,然后按照概率复制,同时保证复制的个体优于上一代对应位置的个体。

(6) 交换:选择不同的两个个体,随机进行单点交换。

(7) 变异:按一定的概率,随机选择基因进行变异(1 变成 0,0 变成 1)。

重复步骤(5)至步骤(7),直至得到满意的结果[186]。

3.3.3 增加适定性判别的算法

3.3.3.1 非线性规划问题解的唯一性

凸集:设 S 为 n 维欧式空间 R^n 中的一个集合。若对于 S 中任意两点,连接它们的线段仍属于 S,即对于 $\forall x^{(1)}, x^{(2)} \in S, \lambda \in [0,1]$,则有:

$$\lambda x^{(1)} + (1-\lambda) x^{(2)} \in S \tag{3-8}$$

则集合 S 称为凸集。

凸函数:设 S 为 n 维欧式空间 R^n 中的一个凸集,并且 $S \neq \varnothing$,f 为定义在 S 上的实函数,若对于 $\forall x^{(1)}, x^{(2)} \in S, \lambda \in [0,1]$,则有:

$$f[\lambda x^{(1)} + (1-\lambda) x^{(2)}] \leqslant \lambda f(x^{(1)}) + (1-\lambda) f(x^{(2)}) \tag{3-9}$$

则称 f 为定义在 S 上的凸函数。

凸函数的性质:

(1) 定义在凸集上的凸函数的非负线性组合仍为凸函数;

(2) 定义在凸集上的凸函数在该集合内部连续;

（3）设 S 为 n 维欧式空间 R^n 中的一个凸集,并且 $S \neq \varnothing$, f 为定义在 S 上的凸函数,则 f 在 S 上的局部极小点是全局极小点,并且极小点的集合为凸集。

凸函数的判别方法:

定理 3-1　设 S 为 n 维欧式空间 R^n 中的一个凸集,并且 $S \neq \varnothing$, $f(x)$ 为定义在 S 上的函数,并且 $f(x)$ 在 S 上二次可微,则有:

$$\text{函数 } f(x) \text{ 为凸函数} \Leftrightarrow f(x) \text{ 的二阶 Hessian 矩阵半正定}$$

定理 3-2　设 S 为 n 维欧式空间 R^n 中的一个凸集,并且 $S \neq \varnothing$, $f(x)$ 为定义在 S 上的函数,并且 $f(x)$ 在 S 上二次可微,则有:

$$f(x) \text{ 的二阶 Hessian 矩阵正定} \Rightarrow \text{函数 } f(x) \text{ 为严格凸函数}$$

凸规划:目标函数为凸函数,可行域为凸集的优化问题,称为凸规划。

凸规划的性质:如果凸规划的目标函数是严格凸函数,并且该规划存在极小点,那么极小点唯一。

3.3.3.2　考虑适定性的算法

本章所研究的问题最终归结为如下非线性最小二乘模型:

$$f(k_0, x_1, x_2, x_3) = \sum_{j=1}^{n} \left[\frac{F(p_{2j}, \sigma_j) - F(p_{1j}, \sigma_j)}{L} S - Q_j \right]^2$$

$$(0 < k_0 < 1, -1 < x_1 < 1, 0 < x_2 < 1, 0 < x_3 < 1) \tag{3-10}$$

式中,

$$F(k_0, x_1, x_2, x_3) = \frac{k_0}{x_2}(p + k_0 - \frac{1}{x_2}) \mathrm{e}^{x_2 p - x_3 \sigma}$$

显然,该问题的可行域是一个凸集,只要目标函数是凸函数,那么上述问题[式(3-10)]就成为一个凸规划,即其最优解一定存在并且唯一。根据定理 3-2,如果目标函数的二阶 Hessian 矩阵是正定的,那么该问题为一个凸规划。而目标函数的 Hessian 矩阵的正定性可以通过其各阶顺序主子式大于 0 来保证。

通过计算,目标函数 Hessian 矩阵的各阶顺序主子式是关于未知参数的解析式,各参数的取值范围关系顺序主子式的结果。理论上,基于各个顺序主子式的值大于 0 的不等式组,求解出参数的取值范围,在该范围与可行域的交集内,只要算法收敛,就可保证最终得到唯一的最优解。但是,问题中函数的非线性,使得最小二乘目标函数的 Hessian 矩阵非常复杂,其各阶顺序主子式具有更高的复杂度,因而通过解不等式组得到待定参数取值范围异常困难。

由于最终采用的是数值迭代算法进行优化求解,对于每组给定的参数,其对应的 Hessian 矩阵的各阶顺序主子式的值是可以计算的。这样在算法中增加 Hessian 矩阵各阶顺序主子式的值为正的约束,相当于在初值的选取上取了可行域和凸函数定义域的交集,从而保证所求出的解必然是目标函数的局部极小值点。

3.4　参数辨识的非线性最小二乘模型求解

3.4.1　基于 GA 与高斯-牛顿综合算法的参数反分析系统

基于本书采用的遗传初值的高斯-牛顿法,开发了参数反分析系统。该系统的功能主要包括根据用户的输入信息生成反分析的最小二乘目标函数,基于实测或试验的数据进行未知参数的反演分析以及最终的数据分析。首先由用户输入目标函数、目标函数中的未知参数、未知参数的估计取值范围和实测数据组数等信息,系统根据输入信息自动完成生成最小二乘目标泛函的寻优计算,给出最优参数及误差估计并显示最终的函数。系统流程图如图 3-19 所示。

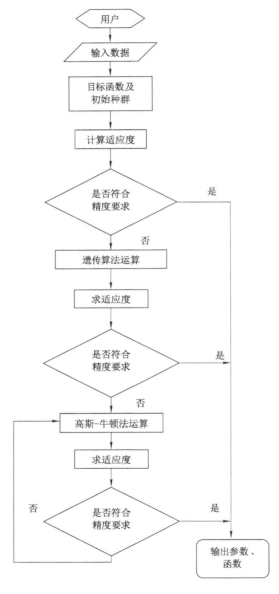

图 3-19　参数反分析系统流程图

（1）开发环境

基于 GA 与高斯-牛顿综合算法的参数反分析系统 V1.0 以 Windows XP 为平台,以 MATLAB 2010b 为开发工具,利用 MATLAB 语言进行系统开发。

该系统主要有预处理模块、参数反演运算模块和后处理模块三大模块。

① 预处理模块

预处理模块的主要作用是建立最小二乘目标泛函。预处理模块主要根据输入的未知参数和实测数据及其相互之间的函数关系，通过离散化处理生成下一步所需要的信息。

② 参数反演运算模块

系统根据预处理模块提供的初始种群及适应度函数，通过改进的遗传算法得到初始值，然后在其基础上进行下一步的高斯-牛顿法运算，得到符合预设精度的所求参数值。

③ 后处理模块

使用自主开发的基于遗传算法及高斯-牛顿法的综合算法找到符合预设精度要求的参数值，将该参数值代入已知函数，输出未知参数及函数表达式，从而完成反分析。

3.4.2　系统使用方法

（1）输入未知参数及可控变量个数、实测数据和函数关系

本系统采用 x_i 表示第 i 个未知参数。例如输入未知参数个数为 3 个，则系统中以 x_1，x_2，x_3 依次表示这 3 个参数。可控变量用 y_1，y_2 依次表示。z 表示实测变量。实测（试验）数据，是通过已知函数关系及未知参数运算得到的量的实测值。通常实测数据的组数应大于未知参数的个数。输入实测数据要求存储在一个 $m \times 1$ 列向量中。输入的函数关系，在对话框中以字符形式表示，其余三个对话框，输入类型为数字（图 3-20）。

图 3-20　系统输入界面 1

（2）输入可控量

完成第一步后，系统会提示输入参数的取值范围（图 3-21）。注意范围不能太大，以免后面运算的时间过长。同时提示输入可控变量的取值。

同实测量一样，每个可控变量的取值也应为 $m \times 1$ 列向量，即给定一组可控变量取值，可测得一个对应的实测值。根据 m 组可控变量的取值，代入系统模型计算得到可测量的理论值，然后与试验测得的实测值构造最小二乘目标函数，由本系统的遗传初值的高斯-牛顿方法，在指定的输入参数取值范围内寻求最小二乘目标函数的最小值，从而实现对未知参数的求解（图 3-22）。

（3）寻优

点击寻优按钮，系统将提示用户有选择性地指定精度或者遗传代数，根据用户提供的信息自动寻找最优结果，并给出最优的未知参数、函数表达式及误差估计。

图 3-21　系统输入界面 2

图 3-22　运行结果输出界面

3.4.3　计算结果

经过上述软件运算,解决了初值选定困难和算法严重的初值依赖问题,也提高了运算速度,并且得到的计算流量相对于实测流量的平均相对误差为 1.47%,其中最大相对误差为 3.14%,最小相对误差仅为 0.47%,结果见表 3-12。

表 3-12　氦气计算结果

外加荷载/MPa	入口压力/MPa	出口压力/MPa	实测流量/(cm³/s)	计算流量/(cm³/s)	相对误差/%
4.670 0	1.117 0	0.100 0	0.168 0	0.172 0	2.38
4.670 0	1.603 0	0.616 0	0.358 0	0.346 8	3.14
4.670 0	2.001 0	1.023 0	0.531 0	0.528 5	0.47
4.670 0	2.511 0	1.513 0	0.833 0	0.839 7	0.81
4.670 0	3.004 0	2.009 0	1.227 0	1.220 5	0.53

此时渗透率函数为：

$$k = 18.9 \times 10^{-6} \times 0.946\,3 \times \left(1 + \frac{0.166\,6}{P}\right) e^{0.032\,6p - 0.142\,6\sigma} \tag{3-11}$$

氮气计算结果见表 3-13。

表 3-13　氮气计算结果

外加载荷/MPa	入口压力/MPa	出口压力/MPa	实测流量/(cm³/s)	计算流量/(cm³/s)	相对误差/%
4.670 0	1.100	0.100	0.0732	0.075 3	3.03
4.670 0	1.609	0.615	0.142	0.151 4	6.64
4.670 0	2.000	1.000	0.198	0.222 7	1.22
4.670 0	2.532	1.501	0.360	0.345 7	3.99
4.670 0	3.011	2.001	0.462	0.469 3	1.57

此时渗透率函数为：

$$k = 17.544 \times 10^{-6} \times 0.110\,4 \times \left(1 + \frac{0.253\,5}{p}\right) e^{0.032\,5p - 0.071\,4\sigma} \tag{3-12}$$

由于采用随机遗传的方法生成并筛选初值，使得可以在物理意义允许的范围内寻找到较为合适的初值，有效解决了高斯-牛顿法严重的初值依赖对本问题求解造成的困扰。对比表 3-12 和表 3-13 中的结果可以看出：由于受吸附性的影响，相同控制条件下氮气的渗透率中的 3 个参数相对于氦气具有一定变化：参数 x_1 反映气体的滑脱效应，由于吸附导致孔隙变小，因而使得该参数增大；参数 x_2 反映孔隙压力对渗流的影响，由于孔隙压力的增大会使吸附量增加，孔隙变小，因而该参数的值减小；参数 x_3 反映的是外加荷载对渗流的影响，由于外加荷载使介质收缩，孔隙变小，吸附量增加，因而该参数增大。

按照表 3-13 计算的渗透率函数求解了试件两端压力差为 1.5 MPa 时两组试验的流量值，与试验实测的流量对比见表 3-14。由表 3-14 可知：利用两端压力差为 1 MPa 组试验数据求得的渗透系数函数计算得到的压力差为 1.5 MPa 时的流量与实测流量吻合良好，可见得到的渗透系数可以用来描述该试件在假设范围内的渗流规律。

表 3-14　结果检验

外加载荷/MPa	入口压力/MPa	出口压力/MPa	实测流量/(cm³/s)	计算流量/(cm³/s)	相对误差/%
4.670 0	2.525	1.000	0.459	0.428 5	6.64
4.670 0	3.013	1.510	0.615	0.603 7	1.84

按照达西定律意义下的公式计算出的平均渗透率与本书所采用方法得到的渗透率的对比如图 3-23 所示。可见，传统意义下计算出的平均渗透率与平均孔隙压力之间的关系明显偏离曲线，即使是相同的函数结构，按照平均渗透率和平均孔隙压力的关系进行回归也得不到真正反映渗透率与孔隙压力之间关系的函数。

在试件两端气体压力差控制在 1 MPa 的情况下，吸附性气体的渗透率明显低于非吸附性气体，可见吸附作用会导致渗透率减小，并且无论何种气体，其渗透率均随孔隙压力的非

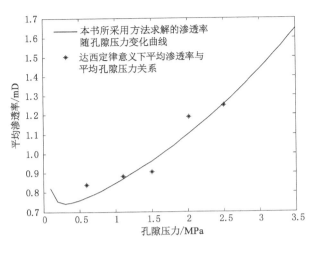

图 3-23 平均渗透率对比

线性变化,而非常数,即气体在可变形原煤试件中的渗流不再符合线性达西定律,因此在此基础上得到的计算公式不再适用于研究此时的渗流规律。

3.4.4 结果分析

由表 3-12 和表 3-13 中计算结果可知:采用本书所设非线性模型描述原煤试件的渗透率,可以较为精确地计算出试件一端的气体流量。

由求解出的渗透率可以看出:在控制孔隙压力不变的情况下,渗透率随着体积应力呈现负指数关系变化,即随着体积应力增大,流量减小。这是由于体积应力的增大,导致煤体试件中的孔隙裂隙压缩,即气体的流通通道变小,从而导致试件一端实测的气体流量减小。这与前人的相关研究结论是基本一致的。在控制体积应力不变的情况下,渗透率随着孔隙压力增大呈现先减小后增大的变化规律,这也与前人研究得到的结论一致。

瓦斯在煤体中的渗流量随着孔隙压力的增大,会发生以下三个方面的变化:

(1) 煤体中瓦斯的吸附量增加,从而产生吸附膨胀变形,引起煤体中的孔隙空间变小,气体的有效渗流通道变小,宏观上会使得渗流量减小。

(2) 煤体试件中的孔隙、裂隙扩张,煤体中的有效渗流通道增加,宏观上会使得渗流量增大。

(3) 试件两端的压力梯度随之增大,这会导致气体流量增大。

渗流量随着孔隙压力的变化应是以上三种因素共同作用的结果,起主导作用的因素决定了试件中流体流量的变化规律。

在体积应力不变、出口孔隙压力固定的情况下,流量可以看作关于入口孔隙压力的一个函数,从求出的参数来看,该函数呈现先减小再增大最后减小的变化规律。在瓦斯压力较小的阶段,随着瓦斯压力的增大,吸附变形是主要因素,从而导致流量随瓦斯压力的增大而减小,当瓦斯压力增大到一定程度之后,后两个因素的影响超越了吸附变形量,从而导致流量随瓦斯压力的增大而增大。当瓦斯压力继续增大,由于试验中控制了煤体试件的围压和轴压,因此其变形量受限,从而又使得吸附变形起主导作用,出现了流量随孔隙压力的增大而减小的现象。在本书所研究的试验设置条件下,围压控制在 2 MPa 和 3 MPa,轴压控制在 0.5～1.5 MPa,孔隙压力控制在 0.5～2.5 MPa 时,煤体试件处于弹性变形阶段,得到的渗流规律与实际观测结果相符。

通过上述分析可以得出以下结论:

(1)在外加荷载及孔隙压力作用下,吸附性气体在可变形煤体介质中的渗流不再符合线性达西定律描述的规律,基于线性达西定律定义并计算的渗透系数和渗透率无法准确反映吸附性气体在可变形煤体中的渗流规律。

(2)基于三轴稳定渗流试验数据,借助渗流的控制方程,采用随机遗传初值的高斯-牛顿法,可以稳定且高效地求出受外加荷载和孔隙压力影响的渗透率函数,为分析渗流特性与外加荷载和孔隙压力之间关系、揭示煤体可变形特性及气体的滑脱效应和吸附性对渗流的影响,为流固耦合模型的顺利且准确求解提供了有力依据和可行方法。

(3)通过分析根据所给方法求解得到的渗透率函数,可以得到气体在可变形煤体试件中的渗透率随孔隙压力呈现先减小后增大的变化趋势,吸附性气体的渗透性低于非吸附性气体,可见煤体的可变形性对瓦斯的吸附作用以及气体的滑脱效应,均会对其渗流产生影响,使得吸附性气体在可变形原煤试件中的渗流具有随外加荷载及孔隙压力变化的典型非线性规律。

(4)按照试验数据直接计算得到的平均渗透率,仅可以描述试验工况的渗透规律,对工况以外的情形直接使用平均渗透率计算是不合适的,使用本书所给的方法,对于试验工况以外的情形,也可以给出较为准确的渗透率和渗透系数计算方法。

3.5　本章小结

本章通过试验分析并揭示煤的可变形特性及煤对瓦斯的吸附性对瓦斯在煤体中运移的影响,建立受外加荷载和流体孔隙压力影响的瓦斯在煤体中的非线性渗透率函数,并通过改进的遗传初值高斯-牛顿法求解该函数,最终给出了一种新的有效且可行的煤体渗透率函数确定方法。得到以下结论:

(1)改进遗传初值基础上的高斯-牛顿法,解决了初值依赖严重并且获得困难的问题,大幅度提高了参数反演计算速度,为渗透率函数中未知参数的求解提供了有效方法。

(2)在算法中增加了适定性的判别,保证了算法解的存在性和唯一性。

(3)外加荷载和孔隙压力影响煤体的孔隙率,从而影响瓦斯在煤体中的渗流,瓦斯在煤体中的渗流需考虑煤体的可变形性。

(4)吸附性氮气和非吸附性氦气在相同条件下的渗流量有显著差别,瓦斯在煤体中的渗流需考虑吸附性的影响。

(5)通过参数反演得到了关于外加荷载和孔隙压力的渗透率函数,借助该函数可以准确描述瓦斯在煤体中的渗流,并可以对试验工况外情形的渗流规律给出较为精确的表述。

通过该方法,可以根据煤体试件的稳态渗流试验数据,得到反映煤体受外加荷载及孔隙压力影响的渗透率函数,为建立流固耦合模型以研究瓦斯在煤层中的运移规律提供了必要前提,与瓦斯在煤体中的扩散对渗流影响机制研究共同构成煤体渗流规律研究的重要组成部分。

　　本章研究内容证实了瓦斯在煤体中的渗流规律与煤体所受的外加荷载及瓦斯气体的孔隙压力之间有着密切关系。进而煤体所受的外加荷载和瓦斯气体的孔隙压力必然会影响煤层瓦斯的涌出量。因而在进行煤层瓦斯涌出量预测时，煤层原始瓦斯含量、煤层埋藏深度、煤层厚度、煤层倾角和开采深度等因素均需被考虑。本章关于外加荷载和应力影响下的煤体中瓦斯渗透规律的研究，为瓦斯涌出量的预测提供了影响因素的选择依据。

第 4 章　瓦斯运移方程中的扩散项反分析

　　煤体的孔隙和裂隙结构直接影响瓦斯在煤体中的赋存状态和运移规律。在开采煤层中分布着复杂的各种尺度的孔隙和裂隙。虽然前人通过研究,关于煤体中扩散孔和渗透孔的尺度给出了分类参考,但是在实际应用过程中,瓦斯在何种尺度孔隙中的运移是扩散,何种尺度孔隙中的运移是渗流,除去孔隙结构外与该煤层的煤质也有一定的关系,并且原煤中孔隙尺度较难给出准确的测量和描述。基于此,本章开展型煤试件中氮气的运移试验,通过按时间分段线性近似的处理方法,对第 2 章得到的煤体中瓦斯运移的基本控制方程进行简化和变形;利用抛物型微分方程时间相关未知源函数识别的方法,建立求解煤层瓦斯运移模型的反分析方法。作为初步研究,本书将煤体视为均匀各向同性的多孔连续介质,没有考虑实际煤体被大尺度裂隙切割成块体的情况,得到瓦斯运移控制基本方程中未知的右端扩散源函数,并通过试验及数值模拟验证反分析方法确定了模型的准确性。这对于煤层瓦斯运移机制的研究提供了新的思路和简捷可行的实现方法。

4.1　研究思路

　　第 2 章从研究瓦斯在煤体中运移规律入手,在考虑煤对瓦斯吸附作用以及气体可压缩性的前提下,建立了如式(2-21)所示煤层瓦斯运移基本控制方程。由于同时考虑孔隙和裂隙中的游离态瓦斯和吸附态瓦斯,该控制方程形式复杂,参数众多,从数学角度求解困难。

　　通过开展瓦斯在煤样试件中的运移试验,测得瓦斯质量随时间的变化规律以及孔隙压力随时间的变化规律。在试验条件下,该控制方程成为一个关于瓦斯孔隙压力的包含右端扩散源函数的非齐次抛物型微分方程。已知控制方程中的未知渗透系数和未知扩散源函数,该方程即可同时反映瓦斯运移中的扩散和渗流两种运移机制。但是这两个未知项难以仅通过试验手段直接测量,需要借助反分析思想,从瓦斯的渗流或运移控制方程中配合试验数据进行识别。

　　第 3 章的研究结果表明:煤对瓦斯的吸附作用,影响瓦斯在煤体中的渗流,瓦斯在煤体中的运移是解吸扩散和渗流相互作用的结果。现有研究结果表明:对于非吸附性气体的渗透率,基于线性达西定律,可以借助三轴稳态渗流试验结果进行求解。对于包含右端时间相关非齐次源项的微分方程,可以通过方程的基本解将其转化为线性方程组,然后利用吉洪诺夫正则化方法配合 GCV 策略选取正则化参数来求解病态方程组,进而识别未知源函数。在此基础上开展以下两步工作:① 进行型煤试件中的三轴氮气稳态渗流试验,确定型煤试件的渗透率函数,进而求解模型中不同平均孔隙压力下的渗透率;② 进行型煤试件的氮气以及氦气运移试验,测量试件轴向固定点的气体压力以及出入口处的流量,利用基本解法结合吉洪诺夫正则化方法,识别方程中的未知源。最终确定瓦斯运移的扩散对渗流影响机制模型。具体研究思路如图 4-1 所示。

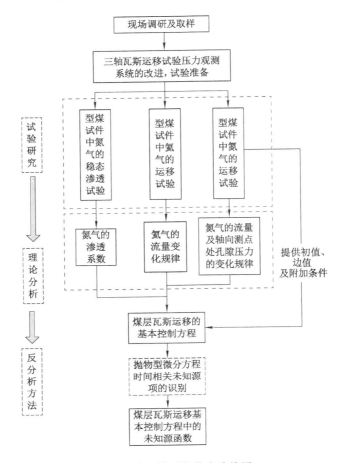

图 4-1 确定模型的技术路线图

4.2 抛物型方程中的未知源识别

含与时间相关源项的抛物型微分方程[179-182]，其中右端项为反映煤体中扩散的瓦斯对渗流影响的源项,该函数难以直接测量,需要借助微分方程反分析的方法进行识别。关于抛物型方程的反问题,与本书内容相关的是由边界条件和初值条件及适当的附加条件识别右端与时间相关的源汇项的问题。

在现有研究基础上,本书拟采用无网格的基本解方法将未知源识别问题转化为线性方程组,对于高度病态的方程组,采用吉洪诺夫正则化配以 GCV 方法进行求解从而确定所建立的抛物型微分方程中的未知源。

4.2.1 基本解方法简介

基本解方法(method of fundamental solutions)、径向基函数法(radial basis function method)、边界节点法(boundary knot method)等方法是数值求解偏微分方程的无网格方

法。相对于有限元法、有限差分法、有限体积法和边界元法等方法,在运算的过程中,该方法既不需要对区域进行离散,也不需要对边界进行离散,在解决高阶和高维问题中非常有效。本书对所研究的模型采用基本解法进行分析,结合抛物型微分方程介绍基本解法的一些相关知识。

工程中常常要处理一些不连续量,需要引入一些不连续函数来描述,例如集中力、单位脉冲和点电荷等,因而引入脉冲函数。

定义 4-1　称分段函数

$$p_\varepsilon(x) = \begin{cases} \dfrac{1}{2\varepsilon} & (-\varepsilon \leqslant x \leqslant \varepsilon) \\ 0 & (\mid x \mid > \varepsilon) \end{cases} \tag{4-1}$$

为单位脉冲函数。通常当作用点在 x_0 时,相应的脉冲函数为:

$$p_\varepsilon(x - x_0) = \begin{cases} \dfrac{1}{2\varepsilon} & (-\varepsilon \leqslant \mid x - x_0 \mid \leqslant \varepsilon) \\ 0 & (\mid x - x_0 \mid > \varepsilon) \end{cases} \tag{4-2}$$

定义 4-2　若脉冲函数的极限

$$\lim_{\varepsilon \to 0} p_\varepsilon(x) = \begin{cases} \infty & (x = 0) \\ 0 & (x \neq 0) \end{cases}$$

满足

$$\int_{-\infty}^{+\infty} \lim_{\varepsilon \to 0} p_\varepsilon(x) \mathrm{d}x = 1$$

则称其为 Dirac-δ 函数,记为 $\delta(x)$。

类似的有:

$$\delta(x - x_0) = \begin{cases} \infty & (x = x_0) \\ 0 & (x \neq x_0) \end{cases} \tag{4-3}$$

$$\int_{-\infty}^{+\infty} \delta(x - x_0) \mathrm{d}x = 1$$

显然 δ 函数具有如下性质:

(1) 选择性。对于任意的连续函数 $f(x)$ 总有:

$$\int_{-\infty}^{+\infty} f(x) \delta(x - x_0) \mathrm{d}x = f(x_0)$$

(2) δ 函数为偶函数。

(3) $\delta(ax) = \dfrac{1}{\mid a \mid} \delta(x)$。

(4) $\delta(x^2 - a^2) = \dfrac{1}{2 \mid a \mid} \big[\delta(x - a) + \delta(x + a) \big]$。

(5) $\displaystyle\int_{-\infty}^{x} \delta(x - \xi) \mathrm{d}x = H(x, \xi)$。

其中,$H(x, \xi)$ 称为核维赛(Heaviside)阶梯函数。

$$H(x, \xi) = \begin{cases} 0 & (x < \xi) \\ 1 & (x > \xi) \end{cases} \tag{4-4}$$

对于抛物型微分方程:

$$\frac{\partial u}{\partial t} - a^2 \frac{\partial^2 u}{\partial x^2} = 0$$

称满足方程

$$\frac{\partial u}{\partial t} - a^2 \frac{\partial^2 u}{\partial x^2} = \delta(t - t_0)$$

的解为其基本解。显然基本解是由集中分布的量产生的。由于线性方程具有叠加性,因而方程的连续解可以看成由无数多个基本解叠加而成。

4.2.2 基本解法识别抛物型微分方程中时间相关的源

对于定解问题:

$$\begin{cases} \frac{\partial p}{\partial t} - a^2 \frac{\partial^2 p}{\partial x^2} = f(t) \\ p(x,0) = p_0(x) & x \in (0,l) \\ p(0,t) = g_0(t) & t \in (0,t_{\max}) \\ p(l,t) = g_1(t) & t \in (0,t_{\max}) \\ p(x_0,t) = g_2(t) & t \in (0,t_{\max}) \end{cases} \tag{4-5}$$

下面给出利用基本解法,数值反求式(4-5)中与时间相关的源汇项的具体方法。对于右端含与时间相关源项的非齐次问题,设:

$$r(t) = \int_0^t f(\tau)\,\mathrm{d}\tau$$
$$u(x,t) = p(x,t) - r(t) \tag{4-6}$$

则有:

$$p(x,t) = u(x,t) + r(t)$$
$$\frac{\partial p}{\partial t} = \frac{\partial u}{\partial t} + r'(t) = \frac{\partial u}{\partial t} + f(t)$$
$$\frac{\partial^2 p}{\partial x^2} = \frac{\partial^2 u}{\partial x^2}$$

回代到上述定解问题[式(4-5)]中有:

$$\begin{cases} \frac{\partial u}{\partial t} - a^2 \frac{\partial^2 u}{\partial x^2} = 0 & [t \in (0,t_{\max})] \\ u(x,0) = p_0(x) \\ u(l,t) - u(0,t) = g_1(t) - g_0(t) \\ u(x_0,t) - u(0,t) = g_2(t) - g_0(t) \end{cases} \tag{4-7}$$

$$\frac{\partial u}{\partial t} - a^2 \frac{\partial^2 u}{\partial x^2} = 0 \tag{4-8}$$

式(4-8)为标准的抛物型微分方程,下面求解其基本解。

将 $\dfrac{\partial u}{\partial t} - a^2 \dfrac{\partial^2 u}{\partial x^2} = \delta(t - t_0)$ 两侧同时对 x 做傅立叶变换有:

$$\frac{\mathrm{d}\widetilde{u}}{\mathrm{d}t} + a^2 \omega^2 \widetilde{u} = \delta(t - t_0) \tag{4-9}$$

其中,

$$\widetilde{u}(x,t) = F(u)$$

容易求得式(4-9)的一个解为：

$$\widetilde{u}(x,t) = e^{-a^2\omega^2 t} \cdot \int_{-\infty}^{t} \delta(\tau - t_0) e^{a^2\omega^2 \tau} d\tau = \begin{cases} e^{-a^2\omega^3(t-t_0)} & (t > t_0) \\ 0 & (t < t_0) \end{cases} \tag{4-10}$$

将式(4-10)做傅立叶逆变换有：

$$u(x,t) = \begin{cases} \dfrac{1}{2a\sqrt{\pi(t-t_0)}} e^{-\frac{x^2}{4a^2(t-t_0)}} & (t > t_0) \\ 0 & (t < t_0) \end{cases} \tag{4-11}$$

式(4-11)为式(4-8)的一个基本解。

其中，

$$F^{-1}(e^{-a^2\omega^2(t-t_0)}) = \frac{1}{2\pi}\int_{-\infty}^{+\infty} e^{-a^2\omega^2(t-t_0)} e^{i\omega x} d\omega = \frac{1}{2\pi} e^{-\frac{x^2}{4a^2(t-t_0)}} \int_{-\infty}^{+\infty} e^{-a^2(t-t_0)\left[\omega - \frac{ix}{2a^2(t-t_0)}\right]^2} d\omega$$

$$= \frac{1}{2\pi} e^{-\frac{x^2}{4a^2(t-t_0)}} \int_{-\infty}^{+\infty} e^{-a^2(t-t_0)\omega^2} d\omega \tag{4-12}$$

对于

$$\int_{-\infty}^{+\infty} e^{-a^2(t-t_0)\omega^2} d\omega$$

令

$$a\sqrt{t-t_0}\,\omega = \lambda$$

则：

$$\omega = \frac{1}{a\sqrt{t-t_0}}\lambda$$

所以有：

$$\int_{-\infty}^{+\infty} e^{-a^2(t-t_0)\omega^2} d\omega = \frac{1}{a\sqrt{t-t_0}}\int_{-\infty}^{+\infty} e^{-\lambda^2} d\lambda = \frac{1}{a\sqrt{t-t_0}}\sqrt{\pi}$$

因此有：

$$F^{-1}(e^{-a^2\omega^2(t-t_0)}) = \frac{1}{2\pi}\int_{-\infty}^{+\infty} e^{-a^2\omega^2(t-t_0)} e^{i\omega x} d\omega$$

$$= \frac{1}{2\pi} e^{-\frac{x^2}{4a^2(t-t_0)}} \int_{-\infty}^{+\infty} e^{-a^2(t-t_0)\left(\omega - \frac{ix}{2a^2(t-t_0)}\right)^2} d\omega$$

$$= \frac{1}{2\pi} e^{-\frac{x^2}{4a^2(t-t_0)}} \int_{-\infty}^{+\infty} e^{-a^2(t-t_0)\omega^2} d\omega$$

$$= \frac{1}{2a\sqrt{\pi(t-t_0)}} e^{-\frac{x^2}{4a^2(t-t_0)}}$$

鉴于文中所考虑的范围为 $[0, t_{\max}] \times [0, l]$，为保证上述求出的 $u(x,t)$ 是方程式(4-8)的解，将源点取在研究范围外的虚拟边界上，设 $T > t_{\max}$，则在 $[-T, t_{\max}-T] \times [0, l]$ 上选取 $m+n+s$ 个源点，记为 (x_{0j}, t_{0j})。设 λ_j 为 $m+n+s$ 个不同时为 0 的常数，记：

$$\varphi(x,t) = \sum_{j=1}^{m+n+s} \lambda_j u(x-x_{0j}, t-t_{0j}) \tag{4-13}$$

显然式(4-13)满足方程式(4-8)，设 $\varphi(x,t)$ 同时满足定解问题[式(4-7)]中的初值、边值条件及附加条件,在边界$[0,t_{\max}]\times[0,l]$上取$m+n+s$个配点,记为(x_i,t_i),其中,

$$\{(x_i,t_i)\,|\,0\leqslant x_i\leqslant l,t_i=0,i=1,2,\cdots,m\}$$

$$\{(x_i,t_i)\,|\,x_i=l,0\leqslant t_i\leqslant t_{\max},i=m+1,m+2,\cdots,m+n\}$$

$$\{(x_i,t_i)\,|\,x_i=x_0,0\leqslant t_i\leqslant t_{\max},i=m+n+1,m+n+2,\cdots,m+n+s\}$$

由于有:

$$\varphi(x_i,0)=p_0(x_i)\quad(i=1,2,\cdots,m)$$

$$\varphi(l,t_i)-\varphi(0,t_i)=g_1(t_i)-g_0(t_i)\quad(i=m+1,m+2,\cdots,m+n)$$

$$\varphi(x_0,t_i)-\varphi(0,t_i)=g_2(t_i)-g_0(t_i)\quad(i=m+n+1,m+n+2,\cdots,m+n+s)$$

$$(4\text{-}14)$$

令

$$\boldsymbol{A}=\big[u(x_i-x_{0j},t_i-t_{0j})\big]_{(m+n+s)\times(m+n+s)}$$

$$\boldsymbol{B}=\begin{bmatrix}0_{(m\times(m+n+s))}\\[2pt]\big[u(0-x_{0j},t_i-t_{0j})\big]_{n\times(m+n+a)}\\[2pt]\big[u(0-x_{0j},t_i-t_{0j})\big]_{s\times(m+n+a)}\end{bmatrix}$$

$$\lambda=(\lambda_1,\lambda_2,\cdots,\lambda_{m+n+s})^{\mathrm{T}}$$

$$\boldsymbol{b}=\begin{bmatrix}p_0(x_i)\\g_1(t_i)-g_0(t_i)\\g_2(t_i)-g_0(t_i)\end{bmatrix}$$

则式(4-14)可化为矩阵方程:

$$(\boldsymbol{A}-\boldsymbol{B})\lambda=\boldsymbol{b}\qquad(4\text{-}15)$$

当源点、配点选定,$u(x,t)$,$p_0(x)$,$g_1(t)$,$g_2(t)$,$g_0(t)$已知时,可通过式(4-15)解出符合条件的λ。将求解得到的λ代入式(4-13)中,有定解问题[式(4-8)]的近似解为:

$$\varphi(x,t)=\sum_{j=1}^{m+n+s}\lambda_j u(x-x_{0j},t-t_{0j})$$

又由式(4-5)中的边值条件有:

$$\varphi(0,t)=\sum_{j=1}^{m+n+s}\lambda_j u(0-x_{0j},t-t_{0j})=p(0,t)-r(t)=g_0(t)-r(t)$$

所以有:

$$r(t)=g_0(t)-\sum_{j=1}^{m+n+s}\lambda_j u(-x_{0j},t-t_{0j})$$

$$f(t)=r'(t)=g'_0(t)-\sum_{j=1}^{m+n+s}\lambda_j\,\frac{\partial u}{\partial t}(-x_{0j},t-t_{0j})\qquad(4\text{-}16)$$

4.2.3　求解病态线性方程组的正则化方法

由于反问题[式(4-7)]对应的线性方程组[式(4-15)]往往具有非常大的条件数,是高度病态的,因而用传统求解线性方程组的方法无法进行求解。求解数学物理中反问题的稳定近似解的方法称为正则化方法,也称为正则化策略(regularization method/strategy)。本书在广义逆和谱分析的基础上,采用吉洪诺夫(Tiknonov)正则化方法,通过引入正则滤波器(regularizing filter)构造泛函中的正则算子,结合 GCV 方法来求解。具体方法如下。

4.2.3.1　奇异值分解

对于条件数非常大的病态线性方程组,首先对系数矩阵进行奇异值分解。

定理 4-1　设 A 为任意的 $m \times n$ 实矩阵,其秩 $R(A) = r$.则必存在 m 阶正交矩阵 P 和 n 阶正交矩阵 Q,使得:

$$A = PAQ^{\mathrm{T}} \tag{4-17}$$

其中,

$$\boldsymbol{\Lambda} = \begin{pmatrix} \mu_1 & & & & & & \\ & \ddots & & & & & \\ & & \mu_r & & & & \\ & & & 0 & & & \\ & & & & \ddots & & \\ & & & & & 0 \end{pmatrix}_{m \times n} \quad (\mu_i > 0 \text{ 且 } i = 1, 2, \cdots, r)$$

$$P = (p_1, p_2, \cdots, p_m)$$
$$Q = (q_1, q_2, \cdots, q_n)$$

满足:

$$\boldsymbol{p}_i^{\mathrm{T}} \boldsymbol{p}_j = \begin{cases} 1 & (i = j, i, j = 1, 2, \cdots, m) \\ 0 & (i \neq j, i, j = 1, 2, \cdots, m) \end{cases}$$

$$\boldsymbol{q}_i^{\mathrm{T}} \boldsymbol{q}_j = \begin{cases} 1 & (i = j, i, j = 1, 2, \cdots, n) \\ 0 & (i \neq j, i, j = 1, 2, \cdots, n) \end{cases}$$

称式(4-21)为矩阵 A 的奇异值分解,$\mu_1, \mu_2, \cdots, \mu_r$ 称为矩阵 A 的奇异值。

根据奇异值分解的定义以及高等数学的相关知识,可有奇异值分解算法如下:

(1)由矩阵 A 生成实对称矩阵 $A^{\mathrm{T}} A$;

(2)求解(1)中生成的实对称矩阵的特征值 $\lambda_1, \lambda_1, \cdots, \lambda_r, 0, \cdots, 0 (\lambda_i > 0)$,令 $\mu_i = \sqrt{\lambda_i} (i = 1, 2, \cdots, r)$,生成矩阵 A;

(3)求得(2)中特征值对应的一组特征向量,并将其标准化,得到矩阵 Q;

(4)根据(3)中求解的矩阵 Q,以及

$$\boldsymbol{p}_i = \mu_i^{-1} \boldsymbol{A} \boldsymbol{q}_i \quad (i = 1, 2, \cdots, r)$$

求解标准正交化矩阵 P,最终确定矩阵 A 的奇异值分解。

4.2.3.2　矩阵的加号广义逆

定义 4-3　设 A 是 $m \times n$ 实矩阵,若存在矩阵 G 使得:

$$AGA = A$$
$$GAG = G$$
$$(AG)^{\mathrm{T}} = AG$$
$$(GA)^{\mathrm{T}} = GA$$

则称 G 为矩阵 A 的加号广义逆,简称加号逆,记为 A^+。

定理 4-2　若实矩阵 A 的奇异值分解为:

$$A = P \Lambda Q^{\mathrm{T}} = \Lambda = P \begin{pmatrix} \mu_1 & & & & & & \\ & \ddots & & & & & \\ & & \mu_r & & & & \\ & & & 0 & & & \\ & & & & \ddots & & \\ & & & & & 0 \end{pmatrix}_{m \times n} Q^{\mathrm{T}}$$

则有 A 的加号广义逆为:

$$A^+ = Q^{\mathrm{T}} \begin{pmatrix} \mu_1 & & & & & & \\ & \ddots & & & & & \\ & & \mu_r & & & & \\ & & & 0 & & & \\ & & & & \ddots & & \\ & & & & & 0 \end{pmatrix}_{m \times n} p \qquad (4\text{-}18)$$

由定理 4-2 有:A 的加号逆 A^+ 是唯一的,且可以通过奇异值分解来求解。

4.2.3.3　线性方程组的最小二乘解

设有线性方程组

$$Ax = b \qquad (4\text{-}19)$$

其中,

$$A = (a_{ij})_{m \times n}, \quad x = \begin{pmatrix} x_1 \\ x_2 \\ \vdots \\ x_n \end{pmatrix}, \quad b = \begin{pmatrix} b_1 \\ b_2 \\ \vdots \\ b_m \end{pmatrix}$$

对于实测数据,方程的个数往往大于未知数的个数,又有测量误差等原因,导致最终得到的方程组常常是不相容的,即

$$R(A) < R(A \vdots b)$$

此时的方程组(4-19)为无解的方程组。而实际问题是往往需要求解出一定误差范围内的解,因而有如下最小二乘解的概念。

定义 4-4　称函数

$$f(x_1, x_2, \cdots, x_n) = \| Ax - b \|^2 = \sum_{i=1}^{m} \left(\sum_{j=i}^{n} a_{ij} x_j - b_i \right)^2$$

最小的解 $z = (z_1, z_2, \cdots, z_n)^{\mathrm{T}}$ 为方程组(4-19)的最小二乘解。

定理 4-3　z 是 $Ax = b$ 的最小二乘解等价于 z 是方程组 $A^{\mathrm{T}} Ax = A^{\mathrm{T}} b$ 的解。

若矩阵 A 的列向量组是线性相关$[R(A^{\mathrm{T}}A) < n]$的,则对应的线性方程组(4-19)有无穷多组解。称无穷多组最小二乘解中长度最短的解为最优最小二乘解。

定理 4-4　(1)线性方程组(4-19)的全部最小二乘解为:

$$\bar{x} = A^+ b + (E + A^+ A)\alpha$$

其中 α 是任意的 n 维列向量。

(2)线性方程组(4-19)的最优最小二乘解为:

$$\bar{x} = A^+ b = \sum_{i=1}^{r} \frac{p_i^{\mathrm{T}} b}{\mu_i} q_i \tag{4-20}$$

且该解是唯一的，其中 r 为矩阵 A 的秩。

对于所讨论的病态矩阵 A，其奇异值的衰减速度非常快，后几个奇异值的数值相对于前面奇异值的数值非常小，往往相差几个数量级。这样就导致在利用式(4-20)求解时其后面的对应项非常大。对于带有测量误差的噪声数据，后面的小奇异值会使得误差影响被放大，从而使得解失真。此时最直接的方法是直接去掉后面较小的奇异值，这种方法称为截断奇异值分解法(TSVD)。该方法相当于对式(4-20)中的项乘以一个系数，对于选择进入计算的奇异值对应的项乘以系数 1 保留，其余的项乘以系数 0 去掉。进一步，希望能够通过引入称为滤波器的因子，使小奇异值带来的误差放大，被更加有效衰减。

4.2.3.4　吉洪诺夫正则化方法

吉洪诺夫正则化方法得到的解，是通过引入一个与参数 α 有关的展平泛函(smoothing function)，将解的有界性和光滑性等先验信息考虑进去，从而得到该泛函的最小二乘解。

定理 4-5　设紧算子 $A : X \to Y$ 的奇异系统为 $\{\mu_j, p_j, q_j\}$，且函数 $f : (0,\infty) \times (0, \parallel A \parallel] \to R^1$，具有以下性质：

(1) $|f(\alpha,\mu)| \leqslant 1 (\forall \alpha > 0$ 且 $0 < \mu < \parallel A \parallel)$。

(2) $\forall \alpha > 0, \exists c(\alpha)$ 使得

$$|f(\alpha,\mu)| \leqslant c(\alpha) \quad (\forall \mu \in (0, \parallel A \parallel])$$

(3) $\lim_{\alpha \to 0} f(\alpha,\mu) = 1 (\forall \mu \in (0, \parallel A \parallel])$，则由

$$R_\alpha y = \sum_{j=1}^{\infty} \frac{f(\alpha,\mu_j)}{\mu_j} (y, q_j) p_j \quad (\alpha > 0, y \in Y) \tag{4-21}$$

确定的算子 $R_\alpha : Y \to X$ 为一个正则化策略，此时 $\parallel R_\alpha \parallel \leqslant c(\alpha)$。称具有上述性质的函数 $f(\alpha,\mu)$ 为算子 A 的正则滤波器。

根据定理 4-5，滤波函数

$$f(\alpha,\mu) = \frac{\mu^2}{\mu^2 + \alpha} \tag{4-22}$$

为算子 A 的一个正则滤波器。

对比式(4-20)和式(4-21)可以发现：吉洪诺夫正则解是在最优最小二乘解的基础上乘以一个滤波函数，该函数的作用是保留大奇异值对应项作用，削弱小奇异值作用。如何选择合适的正则化参数，是最终利用吉洪诺夫正则化方法求解的关键。

4.2.3.5　求解正则化参数的 GCV 方法

选择正则化参数的方法分为先验和后验两种。先验是通过理论分析，在求解出正则解之前就确定合适的正则化参数。这样确定的正则化参数是多值的，不唯一，需要在其中寻找最优的正则化参数。先验的方法在理论分析方面具有较大的优势，而由于在实际应用中因其成立的前提难以检验，所以在实际应用时往往后验更具优势。

常用的后验方法主要有：

(1) 在误差水平已知的前提下主要有 Arcangeli 与 Marozov 于 1966 年提出的偏差原理和 Goncharsky 等在偏差原理的基础上得到的广义偏差原理。

（2）误差水平未知的前提下有吉洪诺夫的拟最优准则、Hansen 的 L 曲线准则、Engl 的误差极小化准则与广义交叉校验准则等。本书确定正则化参数采用后验的广义交叉校验准则，下面重点介绍该方法。

在统计估计理论中选择最佳模型的 PRESS 准则基础上，得到了确定正则化参数的广义交叉校验准则。对于线性方程组（4-19），设系统误差为 δ，实测的系数矩阵和右端项分别记为 A_h, b_δ，令

$$V(\alpha) = \frac{\| (I - A(\alpha)b_\delta) \|^2/m}{[\mathrm{tr}[I - A(\alpha)]^2/m}$$ （4-23）

其中，$A(\alpha) = A_h (A_h^* A_h + \alpha I)^{-1} A_h^*$，$\mathrm{tr}[I - A(\alpha)]$ 表示矩阵 $I = A(\alpha)$ 的迹。最终正则化参数的确定归结为求解式（4-23）的最小值。

4.3　监测煤样轴向测点处孔隙压力的气体运移试验

为研究煤体中瓦斯的解吸-扩散-渗流运移过程，并为识别瓦斯运移基本控制方程中的未知扩散源函数提供初值、边值以及附加条件，现场取样加工成标准型煤试件，在实验室中进行三轴加载模拟地应力，在试件轴向分别布置多个测点，测量观测位置孔隙压力随时间的变化情况。在指定应力作用下，通气 48 h，使试件充分吸附瓦斯，然后封闭入口端，模拟自然情况下瓦斯的扩散-渗流过程。将解吸扩散进入裂隙中的瓦斯视为渗流过程中的源。

4.3.1　试验设备

由 4.2 节可知：识别模型中未知的时间相关源项，需要对煤体试件开展三轴运移试验，试验过程中需控制试件的围压，测量试件入口、出口、附加点处以及初始的气体孔隙压力。根据确定模型需要设计本试验。

主要使用的仪器包括：改进的 ZYS-1 型真三轴渗透仪（带测压孔的夹持器）、手动试压泵、数字压力表、六通阀、储能器、气源气瓶、高压调压阀、压力传感器、流量计、DDS 数据采集系统、计算机、高压管线等。

试验系统由煤样加载压力室、轴压和围压加载系统、气体孔隙压力加载系统、稳压系统、气体压力测量系统及气体流量测量系统组成。煤样围压由手动试压泵供给，加压后通过蓄能器保持压力稳定；孔隙压力由高压氮气通过气体压力调节阀调节达到所要求的数值；孔隙压力、围压及轴压数值是利用高精度的数字压力传感器测定的；渗流气体流量值由流量计测量。试验现场如图 4-2 所示。

4.3.2　试验方案

试验采用煤粉加工的型煤试件，将煤粉碎后过筛，用液压机，将按照设定的水煤比例混合物倒入模具后压制成如图 4-3 所示两组不同孔隙率的 ϕ50 mm ×100 mm 标准型煤试件。其中第一组试件的平均孔隙率为 6.55%，第二组试件的平均孔隙率为 6.65%。

试验以煤体试件中气体的孔隙压力为变量，研究试件中吸附态的氮气对渗流的源汇作用。通过开展氮气在煤体试件中的运移试验，测得沿试件轴向不同位置处的氮气压力随时间的变化，进而求解运移基本控制方程中未知的源函数。

图 4-2　试验现场

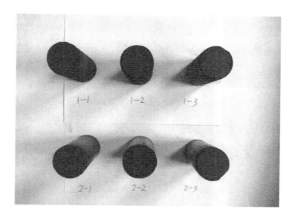

图 4-3　加工成型的型煤试件

（1）使试件围压恒定为 8 MPa，温度不变，测定进口气体压力为 3 MPa 时氮气的流量，以计算试件的渗透率；

（2）保持试件围压恒定为 8 MPa，温度不变，进口氮气气体压力保持为 3 MPa，封闭出口端，持续供气至试件内各个测点瓦斯压力均达到 3 MPa，封闭入口后开启出口阀门，由压力传感器测量各测压点处的气体压力，出口端的流量计测量氮气的流量；

（3）使试件围压恒定为 8 MPa，温度不变，进口端氮气压力保持为 3 MPa，待吸附平衡后关闭入口端阀门，由压力传感器测量各测压点处的氮气压力，出口端的流量计测量气体的流量。

4.3.3　试验步骤

（1）连接装置，通气，检查气密性；

（2）真空泵抽去煤样内空气，使煤样内气压降至 50 Pa 以下；

（3）打开围压加载系统所有阀门，缓慢对应力-渗流-解吸腔内的围压室和围压蓄能器加压至 8 MPa，关闭围压加载系统阀门；

（4）开启高压氮气罐和减压阀的阀门，封闭出口，流量计读取入口端氮气流量，直至将氮气压力加到 3 MPa；

（5）关闭进气管阀门，打开出口端阀门，记录气体压力传感器测得的压力及出入口的流量计所测得的流量；

（6）用真空泵抽去煤样内氮气，使煤样内气压降至 50 Pa 以下；

（7）开启高压氮气罐和减压阀的阀门，将氮气压力加到 3 MPa，封闭出口，并保持气体压力不变，让煤样充分吸附氮气 48 h；

（8）关闭进气管阀门，打开出口端阀门，记录气体压力传感器测得的压力及出入口的流量计所测得的流量。

4.3.4　试验结果及分析

通过试验分别得到了两组试件轴向 4 个测点（从入口端至出口端依次对应压力 1～压力 4）处的孔隙压力时间序列以及入口处和出口处的流量时间序列。考虑第 4 个测点（出口端）的孔隙压力接近大气压力，与前 3 个测点的压力在数值上相差较多，因而在图 4-4 中分别绘制了两组试件前 3 个测点处孔隙压力随时间变化曲线，图 4-4（a）对应第一组试件，图 4-4（b）对应第二组试件。

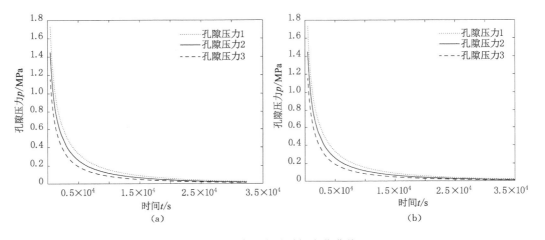

图 4-4　孔隙压力随时间变化曲线

由图 4-4 可以看出：在试验条件下，随着时间增加，每个测点处的孔隙压力均呈下降趋势，但是下降渐趋平缓，从入口端到出口端，同一时刻前 3 个测点处的孔隙压力依次减小，并且两组试件变化规律基本一致。

图 4-5 为试验过程中（48 h）的累计流量随孔隙压力变化曲线，在试验过程中，该曲线较光滑，因而在足够短的时间内可以认为二者之间符合线性变化规律。

选取试验开始后的第 440 s 至第 2 240 s 共计 1 800 s 时长进行分析。将该段时间平均分为每段时长为 600 s 的三段后，分别绘制的累计体积流量随孔隙压力变化的曲线如图 4-6 所示。可见，在 600 s 时长内，二者之间均符合较好的线性关系。在后续的研究中，对瓦斯运移的基本控制方程进行了分段线性化处理，在线性化后较短的时间间隔内，将方程简化为含右端非齐次源项的一个抛物型微分方程，这种处理从试验结果来看是合理的。

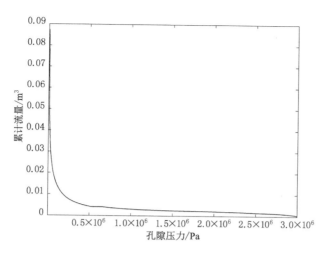

图 4-5　累计流量随孔隙压力变化曲线

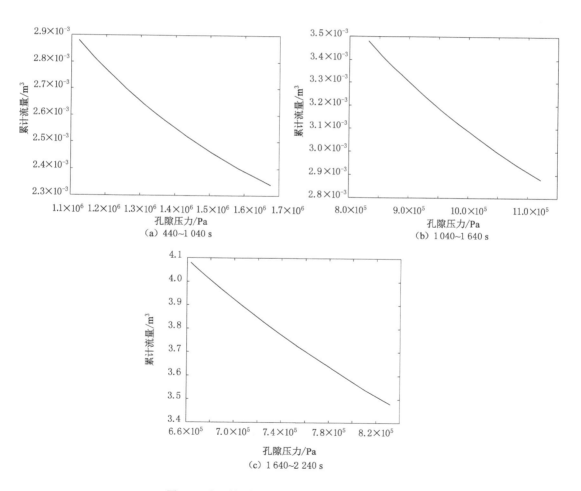

图 4-6　短时间内累计流量-孔隙压力关系曲线

4.4 煤层瓦斯运移方程中扩散项反分析方法

4.4.1 基本模型简化

通过分析,煤体中瓦斯运移的基本控制方程为形如式(2-25)的微分方程。

$$\varphi c_f \frac{p}{Z} \frac{\partial p}{\partial t} + \frac{p}{Z} \frac{\partial \varphi}{\partial t} + \frac{RT}{M} V_L \rho_c \rho_0 \frac{\partial [p/(p+p_L)]}{\partial t} - \frac{p}{Z} \cdot \frac{k}{\mu} \nabla^2 p - \nabla \left(\frac{p}{Z} \cdot \frac{k}{\mu} \right) \nabla p = 0 \quad (4\text{-}24)$$

由于考虑气体的可压缩性和孔隙率的变化,即便渗透率为常数,该方程也是一个关于孔隙压力 p 的含有众多待定参数的复杂微分方程,数学求解困难。由第 3 章的研究结论可知:一般情况下,在控制外加荷载不变的前提下,渗透率也应该是孔隙压力 p 的函数,这样该式变成:

$$\varphi c_f \frac{p}{Z} \frac{\partial p}{\partial t} + \frac{p}{Z} \frac{\partial \varphi}{\partial t} + \frac{RT}{M} V_L \rho_c \rho_0 \frac{\partial [p/(p+p_L)]}{\partial t} -$$

$$\frac{p}{Z} \cdot \frac{k_0}{\mu} \left(1 + \frac{x_1}{p} \right) e^{x_2 p - x_3 \sigma} \nabla^2 p - \nabla \left[\frac{p}{Z} \cdot \frac{k_0}{\mu} \left(1 + \frac{x_1}{p} \right) e^{x_2 p - x_3 \sigma} \right] \nabla p = 0 \quad (4\text{-}25)$$

考虑运移过程中解吸扩散项测量困难,因而将运移过程中的解吸扩散项移至方程的右侧,表示与时间相关的函数,即

$$\varphi c_f \frac{p}{Z} \frac{\partial p}{\partial t} + \frac{p}{Z} \frac{\partial \varphi}{\partial t} - \frac{p}{Z} \cdot \frac{k_0}{\mu} \left(1 + \frac{x_1}{p} \right) e^{x_2 p - x_3 \sigma} \nabla^2 p - \nabla \left[\frac{p}{Z} \cdot \frac{k_0}{\mu} \left(1 + \frac{x_1}{p} \right) e^{x_2 p - x_3 \sigma} \right] \nabla p = f(t)$$

在运移试验的过程中,试件轴向的压力是逐渐变化的,但是该变化过程缓慢,因而在短时间内将试件中气体的密度、孔隙率、压缩系数、压缩因子以及渗透率均看作关于平均孔隙压力的常数,在压力梯度非常小的情况下,忽略压力梯度平方项的影响,这样式(4-25)可简化为:

$$\varphi c_f \frac{\bar{p}}{Z} \frac{\partial p}{\partial t} - \frac{\bar{p}}{Z} \frac{k}{\mu} \nabla^2 p = f(t) \quad (4\text{-}26)$$

其中 $\bar{p}$ 为该时间段内试件中孔隙压力的平均值,记:

$$\begin{cases} \dfrac{k}{\mu \varphi c_f} = a^2 \\ \bar{f}(t) = \dfrac{Z}{\bar{p} \varphi c_f} f(t) \end{cases}$$

则上式变成:

$$\frac{\partial p}{\partial t} - a^2 \frac{\partial^2 p}{\partial x^2} = \bar{f}(t) \quad (4\text{-}27)$$

该式为一个含时间相关源项的抛物型微分方程,其中右端源函数反映扩散对渗流的影响,是未知的。对于该方程,配以适当的初值、边值条件及附加条件,可得到如下模型:

$$\begin{cases} \dfrac{\partial p}{\partial t} - a^2 \dfrac{\partial^2 p}{\partial x^2} = \bar{f}(t) \\ p(x,0) = p_0(x) & [x \in (0,l)] \\ p(0,t) = g_0(t) & [t \in (0,t_{\max})] \\ p(l,t) = g_1(t) & [t \in (0,t_{\max})] \\ p(x_0,t) = g_2(t) & [t \in (0,t_{\max})] \end{cases} \quad (4\text{-}28)$$

　　求解该模型需要利用其初值、边值条件以及附加条件，4.3 节中氦气的渗透试验和瓦斯在煤体中的运移试验结果可以为求解模型提供所需的全部条件。

4.4.2　模型的无量纲化

　　为了使用数值方法识别模型中的未知源函数，需要对所建立的模型进行无量纲化处理，具体处理过程如下。

　　对于式（4-28）所示模型，参考压力记为 P，参考长度记为 X，参考时间记为 T，记：

$$\bar{p} = \frac{p}{P}, \bar{x} = \frac{x}{X}, \bar{t} = \frac{t}{T}$$

　　则：

$$\frac{\partial p}{\partial x} = \frac{\partial (P\bar{p})}{\partial (X\bar{x})} = P \frac{\partial (\bar{p})}{\partial (X\bar{x})} = P \frac{\partial (\bar{p})}{\partial (\bar{x})} \cdot \frac{\partial (\bar{t})}{\partial (T\bar{t})} = \frac{P}{X} \frac{\partial \bar{p}}{\partial \bar{x}}$$

$$\frac{\partial p}{\partial x} = \frac{\partial (P\bar{p})}{\partial (X\bar{x})} = P \frac{\partial (\bar{p})}{\partial (X\bar{x})} = P \frac{\partial (\bar{p})}{\partial (\bar{x})} \cdot \frac{\partial (\bar{x})}{\partial (X\bar{x})} = \frac{P}{X} \frac{\partial \bar{p}}{\partial \bar{x}}$$

$$\frac{\partial^2 p}{\partial x^2} = \frac{\partial \left(\frac{P \partial \bar{p}}{X \partial \bar{x}} \right)}{\partial x} = \frac{P}{X} \frac{\partial \left(\frac{\partial \bar{p}}{\partial \bar{x}} \right)}{\partial (\bar{x})} \cdot \frac{\partial (\bar{x})}{\partial (X\bar{x})} = \frac{P}{X^2} \frac{\partial^2 \bar{p}}{\partial \bar{x}^2} \tag{4-29}$$

　　将式（4-29）代入模型［式（4-28）］，则无量纲化后的模型为：

$$\frac{P}{T} \frac{\partial \bar{p}}{\partial \bar{t}} - a^2 \frac{P}{X^2} \frac{\partial^2 \bar{p}}{\partial \bar{x}^2} = \bar{f}(T\bar{t})$$

$$\begin{cases} \bar{p}(x,0) = \dfrac{p_0(x)}{P} & x \in (0,l) \\[2mm] \bar{p}(0,t) = \dfrac{g_0(t)}{P} & t \in (0,t_{\max}) \\[2mm] \bar{p}(l,t) = \dfrac{g_1(t)}{P} & t \in (0,t_{\max}) \\[2mm] \bar{p}(x_0,t) = \dfrac{g_2(t)}{P} & t \in (0,t_{\max}) \end{cases} \tag{4-30}$$

式中，$a^2 \dfrac{T}{X^2} = \bar{a}^2$，$\bar{f}(\bar{t}) = \dfrac{T}{P} \bar{f}(T\bar{t})$。

4.4.3　确定模型的步骤

　　对无量纲化处理后模型中未知源函数的识别的具体步骤如下。

　　（1）对式（4-28）中的含时间相关源项的非齐次抛物型微分方程，通过如下变量代换：

$$\begin{cases} r(t) = \displaystyle\int_0^t f(\tau) \mathrm{d}\tau \\[2mm] u(x,t) = p(x,t) - r(t) \end{cases} \tag{4-31}$$

将其转化为关于新变量的抛物型微分方程，同时将式（4-28）中的定解条件相应转换，则问题转化为：

$$\begin{cases} \dfrac{\partial u}{\partial t} - a^2 \dfrac{\partial^2 u}{\partial x^2} = 0 \quad [t \in (0, t_{\max})] \\ u(x,0) = p_0(x) \\ u(1,t) - u(0,t) = g_1(t) - g_0(t) \\ u(x_0,t) - u(0,t) = g_2(t) - g_0(t) \end{cases} \tag{4-32}$$

（2）求得式（4-32）中抛物型微分方程的基本解为：

$$u(x,t) = \begin{cases} \dfrac{1}{2a\sqrt{\pi(t-t_0)}} e^{-\frac{x^2}{4a^2(t-t_0)}} & (t > t_0) \\ 0 & (t < t_0) \end{cases} \tag{4-33}$$

在所研究问题的边界以外选取 $m+n+s$ 个源点，记为 (x_{0j}, t_{0j})，将式（4-32）的解表示为各个源点处基本解的线性组合。

$$\varphi(x,t) = \sum_{j=1}^{m+n+s} \lambda_j u(x - x_{0j}, t - t_{0j}) \tag{4-34}$$

其中，系数 λ_j 为 $m+n+s$ 个不同时为 0 的待定常数。

（3）式（4-34）是定解问题［式（4-32）］的解，还需其满足对应的定解条件。在所研究区域取对应个数的配点，代入对应的定解条件，记

$$\begin{cases} \boldsymbol{A} = \left[u(x_i - x_{0j}, t_i - t_{0j}) \right]_{(m+n+s) \times (m+n+s)} \\ \boldsymbol{B} = \begin{cases} 0_{(m \times (m+n+s))} \\ \left[u(0 - x_{0j}, t_i - t_{0j}) \right]_{n \times (m+n+a)} \\ \left[u(0 - x_{0j}, t_i - t_{0j}) \right]_{s \times (m+n+a)} \end{cases} \\ \boldsymbol{\lambda} = (\lambda_1, \lambda_2, \cdots, \lambda_{m+n+s})^{\mathrm{T}} \\ \boldsymbol{b} = \begin{cases} p_0(x_i) \\ g_1(t_i) - g_0(t_i) \\ g_2(t_i) - g_0(t_i) \end{cases} \end{cases} \tag{4-35}$$

则有线性方程组

$$(\boldsymbol{A} - \boldsymbol{B})\boldsymbol{\lambda} = \boldsymbol{b} \tag{4-36}$$

（4）对病态线性方程组［式（4-36）］的系数矩阵进行奇异值分解，分解结果为：

$$\boldsymbol{A} - \boldsymbol{B} = \boldsymbol{U} \sum \boldsymbol{V}^{\mathrm{T}}$$

$$\sum = \begin{bmatrix} \sigma_1 \\ & \ddots \\ & & \sigma_r \\ & & & 0 \\ & & & & \ddots \\ & & & & & 0 \end{bmatrix}_{m \times n} \quad (\sigma_i > 0 \text{ 且 } i = 1, 2, \cdots, r)$$

$$\boldsymbol{U} = (\boldsymbol{u}_1, \boldsymbol{u}_2, \cdots, \boldsymbol{u}_m)$$

$$\boldsymbol{V} = (\boldsymbol{v}_1, \boldsymbol{v}_2, \cdots, \boldsymbol{v}_n)$$

（5）在系数矩阵奇异值分解的基础上，采用吉洪诺夫正则化方法引入正则滤波算子，则式（4-36）的标准正则解为：

$$\lambda^a = \sum_{i=1}^{m+n+s} \frac{\sigma^2}{\sigma^2 + \alpha} \frac{\boldsymbol{u}_i^{\mathrm{T}} \boldsymbol{b}}{\sigma_i} v_i \tag{4-37}$$

式中，常数 α 为待定的正则化参数。

（6）采用 GCV 方法，根据式(4-37)确定正则化参数 α，进而根据式(4-34)和式(4-35)得到定解问题(4-32)的解。

（7）根据（6）求出的解结合式(4-32)中的边界条件有：

$$\varphi(0,t) = \sum_{j=1}^{m+n+s} \lambda_j u(0 - x_{0j}, t - t_{0j}) = \rho(0,t) - r(t) = g_0(t) - r(t)$$

$$r(t) = g_0(t) - \sum_{j=0}^{m+n+s} \lambda_j u(-x_{0j}, t - t_{0j})$$

因此有：

$$f(t) = r'(t) = g'_0(t) - \sum_{j=0}^{m+n+s} \lambda_j \frac{\partial u}{\partial t}(-x_{0j}, t - t_{0j}) \tag{4-38}$$

对于 4.3 节中建立的反映扩散对渗流影响的煤体中瓦斯运移模型[式(4-8)]，本书采用图 4-7 的方法进行求解，最终实现模型中时间相关未知源函数的识别。

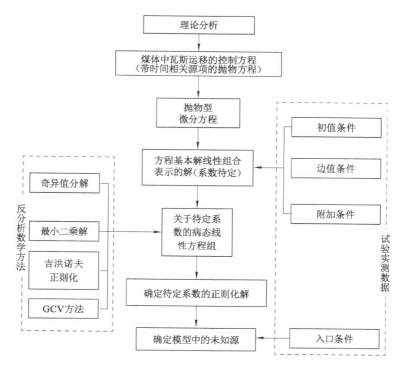

图 4-7　模型中未知源识别流程

式(4-5)所示模型，设其解析解为：

$$p(x,t) = \mathrm{e}^{-a^2 t}(\cos x - 1) \tag{4-39}$$

则其源函数为：

$$f(t) = \mathrm{e}^{-a^2 t}$$

将由式(4-38)得到的初始条件、边界条件和附加条件代入本书所述方法,计算得到的源与理论上的源对比如图 4-8 所示。

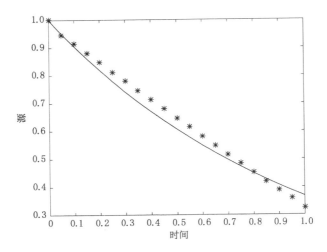

注:"＊"为根据本书方法识别的源,"－"为源的理论值。

图 4-8　理论源与计算源对比

由图 4-8 可知:利用方程的基本解,吉洪诺夫正则化方法配合 GCV 确定正则参数,可以有效、准确地求解出模型中待识别的未知源。并且已有研究表明:该方法不仅对连续的未知源有效,对分段的未知源识别也有效,对于一定范围的扰动数据,也可以得到理想的结果。

4.4.4　模型的确定及分析

考虑试验前期变化速度较快,后期渐趋平稳,将试验结果的前 2 400 s 以 300 s 为单位,第 2 401 s 到第 86 100 s 以 2 700 s 为单位进行分段处理,共分为 39 段。

$$f(t) = \begin{cases} f_1(t) & (0 \text{ s} \leqslant t < 300 \text{ s}) \\ f_2(t) & (300 \text{ s} \leqslant t < 600 \text{ s}) \\ \quad\vdots \\ f_{39}(t) & (83\ 400 \text{ s} \leqslant t \leqslant 86\ 100 \text{ s}) \end{cases} \tag{4-40}$$

用 4.3 节中试验所测得的结果代入 4.4 节中的方法,依次确定式(4-3)中待定的右端源函数的如式(4-40)所示分段形式的数值解。计算得到的源函数随时间变化曲线(第 600 s 到第 2 400 s)如图 4-9 所示。

由图 4-9 可以看出:在所研究时间段内,随着时间的推进,扩散源呈现负指数变化规律,虽然随着时间推进,单位时间内扩散的瓦斯质量逐渐减小,但是瓦斯质量随时间减小的速率却是呈现如图 4-10 所示增大并趋于平稳状态。这种变化趋势,与试件中孔隙压力的变化有着密切关系。随着孔隙压力的降低,解吸的瓦斯量逐渐增加,但是随着孔隙压力降低率的逐渐增大并趋于平稳,煤体中解吸的瓦斯质量出现随时间逐渐增加呈现增加渐趋缓慢且最终趋于平稳的状态。

进一步,将得到的源函数在整个时段上进行积分,计算出试验时间段内试件中产生的

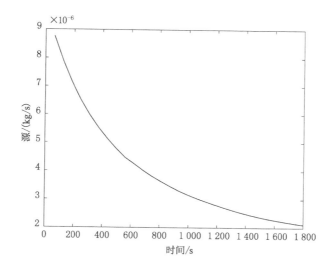

图 4-9　识别出的源函数

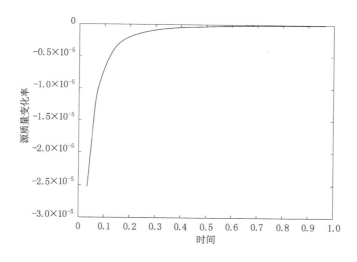

图 4-10　源函数的变化率变化曲线

气体源的累计质量为 3.440×10^{-3} kg。

考虑用吸附性氮气和无吸附性氦气在相同试验条件下的流量差作为气体解吸量的参照,通过计算得到对应时间段内相同试验条件下氮气和氦气的流量差为 3.425×10^{-3} kg。

反分析得到的源积分计算出的气体总扩散质量与相同试验条件下由氮气和氦气累计流量计算得到的质量基本一致,说明采用本书方法得到的扩散源是符合实际情况的。

由第 3 章的研究结果可知:在同等条件下,稳定渗流阶段,吸附性氮气的渗流量低于同等条件下氦气的渗流量,说明吸附会导致煤体孔隙率降低,从而影响气体在其中的渗流。

稳态渗流阶段,在外加荷载和孔隙压力的影响下,同等条件下吸附性氮气的渗流量明显低于非吸附性氦气的,说明吸附的气体可以改变煤体的孔隙结构,从而影响煤体的渗透性。而在气体运移试验中,同等条件下吸附性氮气的流量大于非吸附性的氦气的流量,说明煤体中吸附性气体的运移是渗流和扩散共同作用的结果。

4.5 本章小结

本章采用理论分析和试验相结合的方法,研究瓦斯的扩散对渗流的影响机制,得到了以下结论:

(1) 在本章假设及试验条件下,将瓦斯在煤体中运移的控制方程转化为一个抛物型方程,其右端非齐次项反映瓦斯的扩散对渗流的源汇作用。

(2) 采用抛物型微分方程基本解结合 GCV 方法选取参数的吉洪诺夫正则化方法,准确识别了方程中未知的右端非齐次源汇项。

(3) 根据反分析识别出的源函数,通过建立非线性最小二乘模型,反演了朗缪尔方程中的未知常数,为建立耦合模型分析煤层瓦斯涌出规律提供了基础。

采用本章设计的瓦斯在试件中的运移试验,配合抛物型方程未知源识别的反分析方法,可以得到瓦斯渗流过程中扩散源函数,该方法无须准确测量试件的孔隙和裂隙的尺度及分布情况,计算代价较小,并且考虑运移过程中解吸扩散和渗流之间的相互作用。

瓦斯在煤体中的解吸扩散和渗流相互作用,直接影响煤层瓦斯的抽放难易程度和瓦斯涌出量,进一步影响瓦斯的抽采方法选择。解吸扩散和渗流相互作用的瓦斯运移基本控制方程的建立及确定,为研究瓦斯在煤体中的运移规律提供了一种新的思路,为建立数学模型进行瓦斯涌出量预测提供了理论基础。

第 5 章　基于主成分回归分析的煤层瓦斯涌出量预测

由第 3 章和第 4 章的研究结果可知:瓦斯在煤层中的运移包括吸附解吸、扩散、渗流等多种方式,并且各种运移方式相互影响。因而对本煤层瓦斯涌出量进行预测时必须综合考虑煤层的地质情况、受力状态和煤层瓦斯赋存状态等因素。

对于可以获得开采煤层多个参考工作面相关参数实测数据的情况,采用基于主成分分析的逐步线性回归分析方法预测煤层的瓦斯涌出量。本章的工作进一步完善了煤层瓦斯涌出规律分析方法,为最终分析本煤层瓦斯抽采方法提供必要的理论支持。

5.1　影响回采工作面瓦斯涌出量的参数选择及数据获得

影响回采工作面瓦斯涌出量的因素可分为自然因素和人为因素,按照涌出瓦斯的来源分为开采层影响、邻近层影响和采空区影响等。具体分类标准和影响参数如图 5-1 所示。

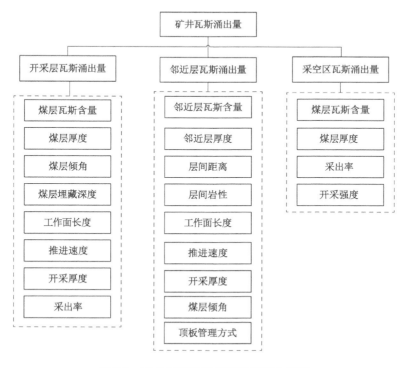

图 5-1　矿井瓦斯涌出量影响因素分类图

通过与长期在煤矿开采现场进行矿井瓦斯抽放设计的研究院技术人员进行沟通,并且参考相关资料[191],结合现场数据的相关性分析,进行适当的取舍后,选取如下对瓦斯涌出量有显著影响的 13 个因素:煤层原始瓦斯含量、煤层埋藏深度、煤层厚度、煤层倾角、工作面长度、推进速度、采出率、邻近层瓦斯含量、邻近层厚度、邻近层层间距、层间岩性、开采强度以及顶板管理方式。由于所考虑的工作面的顶板都采用相同的管理方式,所以最后被选出真正进入运算的是除去顶板管理方式以外的其他 12 个因素。

表 5-1 中给出了来自同一矿井的 18 个不同的回采工作面的 12 个参数以及瓦斯涌出量的实测数据[192]。根据上述分析,图 5-1 中所列出的 12 个参数,均对矿井瓦斯涌出量具有一定影响,并且各个参数之间具有一定的相关性。因而对表中所给数据首先开展各个因素之间相关性的分析,以检验各个参数对涌出量的影响以及各个参数之间的关系。进而在后继的分析过程中采用前 15 个回采工作面的对应数据通过主成分分析,减少变量个数,同时消除各个变量之间的相关性,然后利用主成分分量通过逐步线性回归分析建立本煤层矿井瓦斯涌出量预测模型。最后,用后 3 个回采工作面的对应参数数据代入模型,计算对应的瓦斯涌出量,以检验所建立模型的精确度。

通过相关分析,得到各个参数与瓦斯涌出量之间的相关系数(表 5-2)。由表 5-2 可知:所选取的 12 个参数与瓦斯涌出量之间均具有明显的相关性,尤其是煤层瓦斯含量、煤层深度、煤层厚度、推进速度、采出率和开采强度等参数,与瓦斯涌出量的相关系数都大于 0.9,对瓦斯涌出量有显著影响,在分析瓦斯涌出量的过程中应予以考虑。与此同时,这 12 个参数之间也具有明显的相关性。表 5-3 至表 5-6 分别给出了煤层瓦斯含量、推进速度、开采强度以及采出率与其余参数之间的相关性系数。

表 5-3 至表 5-6 中煤层深度、煤层厚度、推进速度、采出率、邻近层瓦斯含量以及开采强度都与煤层瓦斯含量之间具有较高的相关性,而煤层瓦斯含量、煤层深度、煤层厚度、煤层倾角、工作面长度、采出率、邻近层瓦斯含量和开采强度等参数均与推进速度之间具有较强的相关性。开采强度与煤层瓦斯含量、煤层深度以及煤层厚度之间相关性较强。煤层瓦斯含量、煤层深度、煤层厚度、推进速度、邻近层瓦斯含量以及开采强度与采出率之间相关性较强。因而在建立模型预测瓦斯涌出量的过程中,上述 12 个参数均应被考虑,并且由于数量众多,相互之间具有明显的相关性,需要对原始数据进行处理,消除线性相关性后再建立线性回归模型。

5.2　基于主成分的逐步回归分析方法

5.2.1　主成分分析

主成分分析是一种通过降维把多个变量转变为少数几个主成分(综合变量)的多元统计方法,这些主成分分量通常表示为原始变量的线性组合,能够反映原始变量的尽可能多的信息,并且保证各个分量之间相互线性无关。研究的问题中涉及很多变量(参数)并且变量间相关性较强(所含的信息有所重叠)时,可以考虑采用此方法,这样更容易抓住事物的主要矛盾,使问题得到简化[193-195]。

表 5-1 回采工作面瓦斯涌出量与影响因素数据

回采工作面编号	煤层瓦斯含量/(m³/t)	煤层深度/m	煤层厚度/m	煤层倾角/(°)	工作面长度/m	推进速度/(m/min)	采出率	邻近层瓦斯含量/(m³/t)	邻近层厚度/m	层间距/m	层间岩性	开采强度/(t/d)	瓦斯涌出量/(m³/min)
1	1.92	408	2.0	155	155	4.42	0.960	2.02	1.50	20	5.03	1 825	3.34
2	2.15	411	2.0	140	140	4.16	0.950	2.10	1.21	22	4.87	1 527	2.97
3	2.14	420	1.8	175	175	4.13	0.950	2.64	1.62	19	4.75	1 751	3.56
4	2.58	432	2.3	145	145	4.67	0.950	2.40	1.48	17	4.91	2 078	3.62
5	2.40	456	2.2	160	160	4.51	0.940	2.55	1.75	20	4.63	2 104	4.17
6	3.22	516	2.8	180	180	3.45	0.930	2.21	1.72	12	4.78	2 242	4.60
7	2.80	527	2.5	180	180	3.28	0.940	2.81	1.81	11	4.51	1 979	4.92
8	3.35	531	2.9	165	165	3.68	0.930	1.88	1.42	13	4.82	2 288	4.78
9	3.61	550	2.9	155	155	4.02	0.920	2.12	1.60	14	4.83	2 325	5.23
10	3.68	563	3.0	175	175	3.53	0.940	3.11	1.46	12	4.53	2 410	5.56
11	4.21	590	5.9	170	170	2.85	0.795	3.40	1.50	18	4.77	3 139	7.24
12	4.03	604	6.2	180	180	2.64	0.812	3.15	1.80	16	4.70	3 354	7.80
13	4.34	607	6.1	165	165	2.77	0.785	3.02	1.74	17	4.62	3 087	7.68
14	4.80	634	5.5	175	175	2.92	0.773	2.98	1.92	15	4.55	3 620	8.51
15	4.67	640	6.3	175	175	2.75	0.802	2.56	1.75	15	4.60	3 412	7.95
16	2.43	450	2.2	160	160	4.32	0.950	2.00	1.70	16	4.84	1 996	4.06
17	3.16	544	2.7	165	165	3.81	0.930	2.30	1.80	13	4.90	2 207	4.92
18	4.62	629	6.4	170	170	2.80	0.803	3.35	1.61	19	4.63	3 456	8.04

表 5-2 各参数与涌出量之间的相关系数

煤层瓦斯含量	煤层深度	煤层厚度	煤层倾角	工作面长度	推进速度	采出率	邻近层瓦斯含量	邻近层厚度	层间距	层间岩性	开采强度
0.962 8	0.955 0	0.962 2	0.557 4	0.557 4	−0.912 2	−0.955 6	0.729 7	0.493 6	−0.181 5	−0.612 2	0.982 8

表 5-3 煤层瓦斯含量与其余参数之间的相关系数

煤层瓦斯含量	煤层深度	煤层厚度	煤层倾角	工作面长度	推进速度	采出率	邻近层瓦斯含量	邻近层厚度	层间距	层间岩性	开采强度
	0.912 8	0.976 6	0.501 8	0.501 8	−0.878 6	−0.897 5	0.639 3	0.382 0	−0.297 0	−0.571 6	0.949 9

表 5-4 推进速度与其余参数之间的相关系数

煤层瓦斯含量	煤层深度	煤层厚度	煤层倾角	工作面长度	采出率	邻近层瓦斯含量	邻近层厚度	层间距	层间岩性	开采强度
−0.878 6	−0.907 9	−0.898 8	−0.689 4	−0.689 4	0.868 4	−0.709 0	−0.403 6	0.280 7	0.619 6	−0.856 6

表 5-5 开采强度与其余参数之间的相关系数

煤层瓦斯含量	煤层深度	煤层厚度	煤层倾角	工作面长度	推进速度	采出率	邻近层瓦斯含量	邻近层厚度	层间距	层间岩性
0.949 9	0.917 4	0.962 6	0.500 5	0.500 5	−0.856 6	−0.954 2	0.692 6	0.460 5		−0.529 7

表 5-6 采出率与其余参数之间的相关系数

煤层瓦斯含量	煤层深度	煤层厚度	煤层倾角	工作面长度	推进速度	邻近层瓦斯含量	邻近层厚度	层间距	层间岩性	开采强度
−0.897 5	−0.852 4	−0.975 2	−0.414 1	−0.414 1	0.868 4	−0.703 9	−0.403 9	−0.047 1	0.487 7	−0.954 2

设有 n 个样品，每个样品对应 p 个指标，共有 np 个数据。通过对这些指标进行分析，希望达到预期目标（进行成本估算、利润分析、矿井安全性评价、瓦斯涌出量预测等）。然而选定的对于预期目标有影响的 p 个指标之间往往具有明显的相关性。以影响矿井瓦斯涌出量的煤层倾角和煤层瓦斯含量为例，二者之间就具有明显的相关性。

记 $\boldsymbol{x}=(x_1,x_2,\cdots,x_p)'$ 是一个 p 维总体，该总体的期望 $E(\boldsymbol{x})=\mu$，协方差阵 $\mathrm{var}(\boldsymbol{x})=\boldsymbol{V}$。设一个新的向量 $\boldsymbol{y}=(y_1,y_2,\cdots,y_p)'$，其中的每一个变量均是上述各变量 $\boldsymbol{x}_i^*$ 的线性组合，即

$$y=(y_1,y_2,\cdots,y_p)'=\boldsymbol{A}\boldsymbol{x}^*=(\boldsymbol{a}_1,\boldsymbol{a}_2,\cdots,\boldsymbol{a}_p)'(x_1^*,x_2^*,\cdots,x_p^*)' \tag{5-1}$$

展开为：

$$\begin{cases} y_1=a_{11}x_1+a_{12}x_2+\cdots+a_{1p}x_p=\boldsymbol{a}_1'\boldsymbol{x} \\ y_2=a_{21}x_1+a_{22}x_2+\cdots+a_{2p}x_p=\boldsymbol{a}_2'\boldsymbol{x} \\ \qquad\qquad\qquad\vdots \\ y_p=a_{p1}x_1+a_{p2}x_2+\cdots+a_{pp}x_p=\boldsymbol{a}_p'\boldsymbol{x} \end{cases} \tag{5-2}$$

目标是选取线性无关的向量 $\boldsymbol{a}_1',\boldsymbol{a}_2',\cdots,\boldsymbol{a}_p'$，使得新变量 $y_1,y_2,\cdots,y_p$ 的方差从最大递减到最小。

定义 5-1　对于 p 维总体 $\boldsymbol{x}=(x_1,x_2,\cdots,x_p)'$，显然其协方差阵 $\mathrm{var}(\boldsymbol{x})=\boldsymbol{V}$ 为一个实对称阵。设 $\lambda_1\geqslant\lambda_2\geqslant\cdots\geqslant\lambda_p$ 为其 p 个特征值，$\eta_1,\eta_2,\cdots,\eta_p$ 为相应的单位特征向量，$y_1=a_{11}x_1+a_{12}x_2+\cdots+a_{1p}x_p=\boldsymbol{a}_1'\boldsymbol{x}$，其中 $\boldsymbol{a}_1'$ 为单位向量，则由上述定理及其推论有：

$$\begin{aligned} \mathrm{var}(\boldsymbol{x})&=\boldsymbol{V}=\sum_{i=1}^p\lambda_i\eta_i\eta_i^{\mathrm{T}} \\ \mathrm{var}(\boldsymbol{y}_1)&=\mathrm{var}(\boldsymbol{a}_1'\boldsymbol{x})=\boldsymbol{a}_1'\boldsymbol{V}\boldsymbol{a}_1 \end{aligned} \tag{5-3}$$

当 $\boldsymbol{a}_1=\boldsymbol{\eta}_1$ 时，y_1 的方差达到最大（为 λ_1），称

$$\boldsymbol{y}_1=a_{11}x_1+a_{12}x_2+\cdots+a_{1p}x_p=\boldsymbol{a}_1'\boldsymbol{x}$$

为第一主成分。依次称

$$\begin{aligned} \boldsymbol{y}_2&=\boldsymbol{a}_2'\boldsymbol{x} \\ &\vdots \\ \boldsymbol{y}_p&=\boldsymbol{a}_p'\boldsymbol{x} \end{aligned}$$

为第二主成分至第 p 主成分。

由预备知识中的定义及定理显然有主成分向量的协方差矩阵：

$$\mathrm{var}(\boldsymbol{y})=\mathrm{var}(\boldsymbol{\eta}_1'\boldsymbol{x})=\boldsymbol{\eta}'\mathrm{var}(\boldsymbol{x})\boldsymbol{\eta}=\begin{bmatrix} \lambda_1 & \cdots & 0 \\ \vdots & & \vdots \\ 0 & \cdots & \lambda_p \end{bmatrix} \tag{5-4}$$

是一个对角阵，且其对角线元素依次为原始变量的特征值。进而有：各个主成分分量 y_1，$y_2,\cdots,y_p$ 互不相关，各自方差分别为 $\lambda_1,\lambda_2,\cdots,\lambda_p$，总方差为 $\lambda_1+\lambda_2+\cdots+\lambda_p=\mathrm{tr}(V)$，与原始变量的总方差和相等。主成分分析的基本思想[196-197]：用 p 个互不相关的随机变量来替换 p 个原始的随机变量，保证替换后的总方差不变，且使得第一主成分的方差最大，其最大值为原始随机变量协方差阵的最大特征值 λ_1。其中 λ_1 与总方差的比值

$$\lambda_1 / \mathrm{tr}(V) = \lambda_1 / \sum_{i=1}^{p} \lambda_i$$

表示第一主成分的方差在总方差中所占的比例,表示第一个变量综合原始变量能力的强弱,即由第一主成分的差异解释原始随机向量差异的能力的强弱,称其为第一主成分的贡献率。类似可以得到第二主成分贡献率、第三主成分贡献率……

实际应用中,经常会遇到总体各个变量的单位和数量级有较大差异的情况,这时需要将进行分析的数据标准化。标准化后的变量为:

$$x_i^* = \frac{x_i - E(x_i)}{\sqrt{\mathrm{var}(x_i)}} \quad (i = 1, 2, \cdots, p) \tag{5-5}$$

标准化之后总体的协方差矩阵,即总体的相关系数矩阵,记为 $\boldsymbol{R}$。因而在实际应用的过程中,经常是基于总体的相关系数矩阵 $\boldsymbol{R}$ 进行主成分分析,具体过程与在协方差矩阵的基础上进行主成分分析一致。

进一步,当样本的观测值矩阵已知,而总体的相关系数矩阵未知时,可以通过样本观测值的估计量得到其相关系数矩阵。

5.2.2　多元线性回归模型及检验方法

回归分析是在多个具有相关性的变量中分析其中的一个变量或者几个变量与其余变量之间的相互依存关系。多元回归分析是研究一个变量与多个变量之间的关系,如果研究多个变量与多个变量之间的关系,则称为多变量多元回归分析[198]。

本书中涉及的是单变量的多元线性回归分析,下面简单介绍回归模型的建立和参数的最小二乘估计。

(1) 回归模型的建立

设因变量 y 与自变量 $x_1, x_2, \cdots, x_m$ 线性相关。收集到 n 组观测数据

$$y_i, x_{i1}, x_{i2}, \cdots, x_{im} \quad (i = 1, 2, \cdots, n)$$

满足如下模型[ε_i 服从 $N(0, \sigma^2)$ 并且相互独立,$i = 1, 2, \cdots, n$]:

$$\begin{cases} y_i = \beta_0 + \beta_1 x_{i1} + \cdots + \beta_m x_{im} + \varepsilon_i \\ E(\varepsilon_i) = 0 \\ \mathrm{var}(\varepsilon_i) = \sigma^2 \\ \mathrm{Cov}(\varepsilon_i, \varepsilon_j) = 0 \quad (i \neq j) \end{cases} \tag{5-6}$$

采用矩阵形式表示该回归模型:

$$\begin{cases} \boldsymbol{y} = \boldsymbol{c}\boldsymbol{\beta} + \boldsymbol{\varepsilon} \\ E(\boldsymbol{\varepsilon}) = \boldsymbol{0}_{n \times 1} \\ D(\boldsymbol{\varepsilon}) = \sigma^2 \boldsymbol{I}_n \end{cases} \tag{5-7}$$

其中,

$$\boldsymbol{C} = \begin{bmatrix} x_{11}, x_{12}, \cdots, x_{1m} \\ x_{21}, x_{22}, \cdots, x_{2m} \\ \vdots \\ x_{n1}, x_{n2}, \cdots, x_{nm} \end{bmatrix}$$

$$\boldsymbol{y} = \begin{bmatrix} y_1 \\ y_2 \\ \vdots \\ y_n \end{bmatrix}, \quad \boldsymbol{\beta} = \begin{bmatrix} \beta_0 \\ \beta_1 \\ \beta_2 \\ \vdots \\ \beta_m \end{bmatrix}, \quad \boldsymbol{\varepsilon} = \begin{bmatrix} \varepsilon_1 \\ \varepsilon_2 \\ \vdots \\ \varepsilon_n \end{bmatrix}$$

$\boldsymbol{C}$ 为已知矩阵，$\boldsymbol{y}$ 为可观测的随机向量，$\boldsymbol{\varepsilon}$ 为回归误差向量，β 和 σ^2 为待定的未知参数，并且 $n > m$，矩阵 $\boldsymbol{C}$ 的秩 $\mathrm{rank}(\boldsymbol{C}) = m + 1$。

（2）回归模型中未知参数的最小二乘估计[199]

在估计方程中的回归参数时，可以采用如下最小二乘方法。为了使得回归误差的平方和最小，即使函数

$$S(\beta_1, \beta_1, \cdots, \beta_m) = \sum_{i=1}^{n} \varepsilon_1^2 = \sum_{i=1}^{n} \left(y_i - \beta_0 - \sum_{j=1}^{m} \beta_j x_{ij} \right)^2 \tag{5-8}$$

最小化。则有未知参数 $\beta_1, \beta_2, \cdots, \beta_m$ 的最小二乘估计量必须满足：

$$\left. \frac{\partial S}{\partial \beta_j} \right|_{\hat{\beta}_0, \hat{\beta}_1, \cdots, \hat{\beta}_m} = -2 \sum_{j=1}^{n} \left(y_i - \hat{\beta}_0 - \sum_{j=1}^{m} \hat{\beta}_j x_{ij} \right) = 0 \tag{5-9}$$

则由式（5-8）和式（5-9）可得到求解未知参数 $\beta_1, \beta_2, \cdots, \beta_m$ 的最小二乘估计量 $\hat{\beta}_0, \hat{\beta}_1, \cdots, \hat{\beta}_m$ 的 $m + 1$ 个方程

$$\begin{cases} n\hat{\beta}_0 + \hat{\beta}_1 \sum_{i=1}^{n} x_{i1} + \hat{\beta}_2 \sum_{i=1}^{n} x_{i2} + \cdots + \hat{\beta}_m \sum_{i=1}^{n} x_{im} = \sum_{i=1}^{n} y_i \\ \hat{\beta}_0 \sum_{i=1}^{n} x_{i1} + \hat{\beta}_1 \sum_{i=1}^{n} x_{i1}^2 + \hat{\beta}_2 \sum_{i=1}^{n} x_{i1} x_{i2} + \cdots + \hat{\beta}_m \sum_{i=1}^{n} x_{i1} x_{im} = \sum_{i=1}^{n} x_{i1} y_i \\ \hat{\beta}_0 \sum_{i=1}^{n} x_{i2} + \hat{\beta}_1 \sum_{i=1}^{n} x_{i2} + \hat{\beta}_2 \sum_{i=1}^{n} x_{i2}^2 + \cdots + \hat{\beta}_m \sum_{i=1}^{n} x_{i2} x_{im} = \sum_{i=1}^{n} x_{i2} y_i \\ \qquad\qquad\qquad\qquad\qquad\qquad \vdots \\ \hat{\beta}_0 \sum_{i=1}^{n} x_{im} + \hat{\beta}_1 \sum_{i=1}^{n} x_{im} x_{i1} + \hat{\beta}_2 \sum_{i=1}^{n} x_{im} x_{i2} + \cdots + \hat{\beta}_m \sum_{i=1}^{n} x_{im}^2 = \sum_{i=1}^{n} x_{im} y_i \end{cases} \tag{5-10}$$

称为最小二乘正规方程。用矩阵形式表示求解最小二乘估计量：

$$S(\boldsymbol{\beta}) = \sum_{i=1}^{n} \varepsilon_i^2 = \boldsymbol{\varepsilon}^{\mathrm{T}} \boldsymbol{\varepsilon} = (\boldsymbol{y} - \boldsymbol{c}\boldsymbol{\beta})^{\mathrm{T}} (\boldsymbol{y} - \boldsymbol{c}\boldsymbol{\beta})$$

对应的最小二乘矩阵形式正规方程为：

$$\boldsymbol{C}^{\mathrm{T}} \boldsymbol{C} \hat{\boldsymbol{\beta}} = \boldsymbol{C}^{\mathrm{T}} \boldsymbol{y} \tag{5-11}$$

则所求参数最小二乘估计量 $\hat{\boldsymbol{\beta}}$ 为：

$$\hat{\boldsymbol{\beta}} = (\boldsymbol{C}^{\mathrm{T}} \boldsymbol{C})^{-1} \boldsymbol{C}^{\mathrm{T}} \boldsymbol{y} \tag{5-12}$$

对应观测值的拟合值向量为：

$$\hat{\boldsymbol{y}} = \boldsymbol{C} \hat{\boldsymbol{\beta}} = \boldsymbol{C} (\boldsymbol{C}^{\mathrm{T}} \boldsymbol{C})^{-1} \boldsymbol{C}^{\mathrm{T}} \boldsymbol{y} = \boldsymbol{H} \boldsymbol{y} \tag{5-13}$$

称式（5-13）中的 $\boldsymbol{H} = \boldsymbol{C} (\boldsymbol{C}^{\mathrm{T}} \boldsymbol{C})^{-1} \boldsymbol{C}^{\mathrm{T}}$ 为"帽子"矩阵，此时的残差向量为：

$$\hat{\boldsymbol{\varepsilon}} = \boldsymbol{y} - \hat{\boldsymbol{y}} = (\boldsymbol{I}_n - \boldsymbol{H})^{-1}$$

残差平方和为：

$$Q(\varepsilon) = \hat{\boldsymbol{\varepsilon}}^{\mathsf{T}}\hat{\boldsymbol{\varepsilon}} = \boldsymbol{y}^{\mathsf{T}}(\boldsymbol{I}_n - \boldsymbol{H})^{-1}\boldsymbol{y} = \boldsymbol{y}^{\mathsf{T}}\boldsymbol{y} - \boldsymbol{y}^{\mathsf{T}}\boldsymbol{C}\hat{\boldsymbol{\beta}} \tag{5-14}$$

5.2.3 逐步回归分析法

在实际问题的研究过程中，影响因变量的因素往往有多个，并不是每一个因素对因变量的变化都有显著影响，如何从众多的因素中选取具有显著影响的少数因素，剔除对因变量影响微小或者相关性较高的变量，建立简便且能够反映主要问题的简化模型对于回归分析非常重要。

（1）逐步回归分析法的基本思想

逐步回归分析法是在向前引入法的基础上，综合考虑向后剔除法，从而充分发挥两种方法的优势并尽量避免各自缺点的一种方法。已经选入的变量如果因为新变量的引入而对回归模型贡献不明显，则采用向后剔除的方法将其剔除。与此同时，已经被剔除的变量如果因为新变量的引入而对回归模型贡献显著，则采用向前引入的方法将其重新引入。由于无须比较所有的子集优劣，所以该方法计算量小，并且可保证最终求得指定显著性水平下的回归方程，是回归分析中被广为使用的方法。逐步回归分析法计算流程如图 5-2 所示。

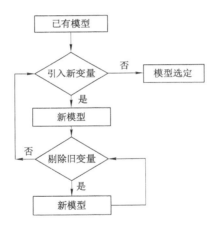

图 5-2　逐步回归分析法计算流程

（2）逐步回归分析法的具体步骤

记 Y 为因变量，共有 n 个自变量 $x_1, x_2, \cdots, x_n$，引入变量的显著性水平为 α_{in}，剔除变量的显著性水平为 α_{out}，现有模型中的变量为 $x_{i_1}, x_{i_2}, \cdots, x_{i_r}$，共计 r 个，模型中没有考虑的变量为 $x_{j_1}, x_{j_2}, \cdots, x_{j_{n-r}}$，共计 $n-r$ 个。则逐步回归分析的具体步骤如下：

① 从只含常数项开始，建立因变量 Y 满足的回归模型。

② 对于未包含在回归模型中的变量按下述方法逐个考虑是否将其引入模型中。

Ⅰ：通过模型中未包含变量 x_{j_k} 的偏回归平方和 P_{j_k} 以及偏 $R^2_{j_k}$，从而比较计算得到对回归因变量 Y 影响最显著的变量。

其中偏回归平方和

$$P_{ik} = Q(i_1, i_2, \cdots, i_r) - Q(i_1, i_2, \cdots, i_r, j_k)$$

$$\text{偏 } R_{ik}^2 = P_{jk}/l_{yy} \quad (k = 1, 2, \cdots, n - r)$$

Ⅱ:对于找到在回归模型中未包含的变量中影响 Y 最为显著的变量,根据引入变量的显著性水平 α_{in},通过统计量 $F = P/Q(i)$ 检验该变量对回归因变量 Y 影响是否显著,如果显著,引入新变量,并进行③,否则结束回归过程,输出最优回归模型。

③ 对于包含在模型中的变量按下述方法逐个考虑是否将该变量从模型中剔除。

Ⅰ:通过模型中已包含变量 x_{i_k} 的偏回归平方和 P_{i_k} 以及偏 $R_{i_k}^2$,从而比较计算得到对回归因变量 Y 影响最不显著的变量。

其中偏回归平方和

$$P_{ik} = Q(i_1, i_2, \cdots, i_{k-1}, i_{k+1}, \cdots, i_r) - Q \quad (i_1, i_2, \cdots, i_r)$$
$$\text{偏 } R_{ik}^2 = P_{jk}/l_{yy} \quad (k = 1, 2, \cdots, r)$$

Ⅱ:对于找到在回归模型中包含的变量中影响 Y 最不显著的变量,根据剔除变量的显著性水平 α_{out},通过统计量 $F = P/Q(i)$ 检验该变量对回归因变量 Y 影响是否显著,如果不显著,剔除该变量,重新建立回归模型,继续进行③,否则进行②。

5.3　开采层瓦斯涌出量预测系统

根据本书提出的基于主成分分量的多步线性回归方法,开发了以多个相似工作面信息为参考的回采工作面瓦斯涌出量分析系统。利用该系统可以通过输入影响回采工作面瓦斯涌出量的基本参数,得到该回采工作面瓦斯涌出量的预测值。

(1) 开发环境

开采层瓦斯涌出量预测系统 V1.0 以 Windows XP 为平台,以 MATLAB 2010b 为开发工具,利用 MATLAB 语言进行系统开发。

(2) 系统运行环境

Windows XP/2003 或 Windows 7 操作系统。

(3) 系统主要功能

系统主要功能包括根据用户的输入信息通过基于主成分回归分析的方法得到研究工作面的影响瓦斯涌出量的主成分,根据主成分分量进行多步线性回归来预测回采工作面的瓦斯涌出量以及最终的数据分析。

基于主成分回归分析的回采工作面瓦斯涌出量分析系统主要有预处理模块、主成分回归分析模块和后处理模块三大模块。

① 预处理模块

预处理模块的主要作用是完成对原始数据的加工处理,便于下一步运算分析。

② 主成分回归分析模块

系统功能主要包括根据用户的输入信息通过基于主成分回归分析的方法得到研究工作面的影响瓦斯涌出量的主成分,根据主成分分量进行多步线性回归来预测回采工作面的瓦斯涌出量。

③ 后处理模块

根据上述计算结果进行涌出量预测,并给出误差分析。

具体流程如图 5-3 所示。

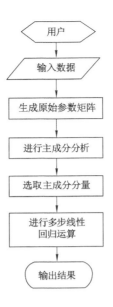

图 5-3　系统流程图

（4）系统使用方法

① 输入已知工作面原始参数

a. 使用 MATLAB 中的 import data，导入 Excel 文件（图 5-4）。

图 5-4　数据导入界面

鉴于本系统分析的原始工作面及参数数量巨大，采用调用数据表格的方式读入原始信息。经过处理，系统自动根据表格生成一个 m 行、n 列的矩阵。其中行数代表所在工作面编号，列数代表参数编号。

b. 运行本系统，选择 workspace 中的变量。

② 进行预测

完成第一步后，按进行预测按钮（图 5-5）。

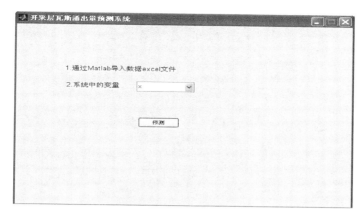

图 5-5　变量选择界面

5.4　涌出量预测

首先选取表 5-1 中前 15 个回采工作面的原始参数数据进行主成分分析,得到所研究的 12 个参数的前 5 个主成分贡献率及系数,见表 5-7。

表 5-7　原始数据的前 5 个主成分系数及其贡献率

指标	第 1 主成分	第 2 主成分	第 3 主成分	第 4 主成分	第 5 主成分	累计得分
煤层瓦斯含量	0.338 1	0.352 6	0.328 0	0.015 9	0.285 9	
煤层深度	−0.139 3	−0.052 0	−0.245 7	0.622 9	0.318 7	
煤层厚度	−0.211 3	−0.218 4	0.080 0	0.224 3	−0.075 7	
煤层倾角	−0.145 0	−0.097 4	−0.134 3	−0.258 2	0.322 0	
工作面长度	−0.239 5	−0.196 8	0.016 2	−0.224 1	0.671 3	
推进速度	0.073 1	−0.033 3	−0.030 6	0.007 7	−0.140 2	
采出率	0.213 5	0.001 8	−0.098 3	−0.344 6	0.342 3	
邻近层瓦斯含量	0.204 2	0.237 2	−0.013 8	0.546 6	0.297 4	
邻近层厚度	−0.513 9	−0.156 6	0.399 9	0.089 7	−0.081 4	
层间距	−0.135 3	0.702 7	−0.114 4	−0.128 4	−0.091 9	
层间岩性	0.606 3	−0.441 3	0.088 0	0.045 0	−0.068 0	
开采深度	0.024 1	0.080 9	0.784 7	0.023 2	0.107 6	
主成分得分	60.14%	20.58%	7.58%	5.18%	3.59%	97.05%

根据主成分的累计贡献率计算出表 5-1 中各回采工作面前 5 个主成分分量以及各自的瓦斯涌出量,见表 5-8。

表 5-8　各个工作面的前 5 个主成分及各自的瓦斯涌出量

工作面编号	第 1 主成分	第 2 主成分	第 3 主成分	第 4 主成分	第 5 主成分	涌出量/(m³/min)
1	1.633 0	−0.292 1	−1.308 7	−1.922 0	−2.101 5	3.34
2	2.203 6	1.309 8	−2.293 6	−1.543 9	−2.991 5	2.97
3	−0.006 8	0.239 9	−1.245 0	−1.591 3	−0.232 3	3.56
4	1.853 7	−0.017 2	−0.873 6	−0.945 3	−2.066 4	3.62
5	−0.886 5	0.793 5	−0.894 2	−1.463 2	−0.490 2	4.17
6	−0.288 0	−1.539 8	−0.085 7	−1.062 2	0.988 6	4.60
7	−1.736 5	−1.064 5	−0.758 2	−0.847 1	1.977 9	4.92
8	1.149 4	−0.896 4	−0.509 9	−0.753 2	−0.463 8	4.78
9	0.811 3	−0.634 7	−0.251 2	−0.368 7	−0.550 7	5.23
10	0.147 1	0.165 6	−0.532 7	0.395 5	1.582 5	5.56
11	0.499 6	1.044 7	0.952 5	2.269 6	0.475 1	7.24
12	−1.023 5	0.144 9	1.770 7	1.967 5	1.127 4	7.80
13	0.929 0	0.927 7	1.345 2	2.150 4	0.143 1	7.68
14	−1.983 6	0.389 7	2.356 7	2.078 7	1.329 5	8.51
15	−1.373 1	0.185 1	1.723 5	1.522 1	1.125 8	7.95
16	0.267 7	−0.797 5	−0.656 8	−1.646 1	−1.136 3	4.06
17	0.370 3	−1.421 0	0.053 9	−0.217 9	−0.184 8	4.92
18	−0.708 9	1.462 3	1.207 5	1.977 2	1.467 8	8.04

　　采用表 5-8 中的数据,以瓦斯涌出量为因变量,前 5 个主成分分量为自变量,进行逐步线性回归分析,采用 MATLAB 运算,最终的运算结果如图 5-6 所示。可见,经过三步回归达到其局部最小值。此时,intercept 截距为 5.489 11,模型的相关系数为 0.987 815,模型的显著性检验 F 统计量值为 297.254,模型统计量的剩余标准差为 0.235 307,模型的判定系数为 0.984 492,模型显著性概率 p 值为 $8.323\ 76 \times 10^{-11}$。经计算得到此时的平均相对误差为 4.31%。

　　此时求得回归方程为:

$$y = 5.489\ 91 - 0.194\ 79x_1 + 0.526\ 733x_3 + 0.656\ 783x_4$$

　　采用上述回归方程,利用该矿第 16、17、18 号回采工作面的相应主成分分量经计算得到对应的瓦斯涌出量,并将通过基于主成分分量的回归分析得到的结果与实测的工作面涌出量进行对比,结果见表 5-9。

表 5-9　检验样本期望结果与预测结果对比

工作面编号	实际瓦斯涌出量/(m³/min)	预测瓦斯涌出量/(m³/min)	预测的相对误差
16	4.06	4.01	1.2%
17	4.92	5.30	−7.7%
18	8.04	7.56	5.9%

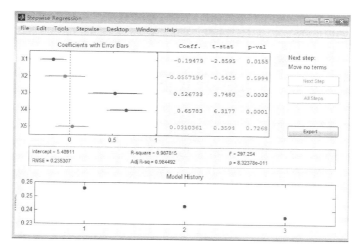

图 5-6　MATLAB 中的多步线性回归结果

采用该方法预测 3 个工作面的瓦斯涌出量的最大相对误差仅为 -7.7%，可见采用该方法预测回采工作面的瓦斯涌出量具有较高的准确性。

5.5　本章小结

本章围绕煤层瓦斯涌出规律及涌出量预测展开研究，在第 3 章和第 4 章关于瓦斯运移规律研究的基础上，建立煤层瓦斯运移模型，选取影响瓦斯涌出量的煤层原始参数，采用多元统计分析的方法预测涌出量，得到以下结论：

（1）基于反分析法得到的煤层瓦斯运移基本控制方程，数值模拟了煤层钻孔中的瓦斯流量随时间的变化规律，得到了煤壁瓦斯自然涌出随时间呈衰减状态，在瓦斯抽采过程中，需根据煤层条件适当布置钻孔或者延长抽采时间以解决煤壁瓦斯涌出问题。

（2）影响回采工作面瓦斯涌出量的原始参数共 13 个，通过主成分分析，最终选择前 5 个主成分分量进行回归分析（前 5 个主成分的总贡献率已达 97.05%）。这样既有效减少了需要考虑的变量的个数，降低了问题的维数，又尽可能反映原始参数信息，并且各分量之间彼此相互线性无关，为下一步建立线性回归方程奠定良好的基础。

（3）基于得到的主成分分量，通过多步线性回归法，本书对回采工作面瓦斯涌出量进行了预测。结果表明：采用该方法准确性较高，为回采工作面瓦斯治理提供了理论依据。

（4）为了更好地进行瓦斯治理及开采，也可以采用该方法分别对开采层、邻近层和采空区进行分源预测[200]。

（5）采用主成分回归分析的方法预测涌出量，需要大量的参考矿相关数据，该方法适用于有较多具有参考价值的矿井数据情形。

在综合考虑煤层的地质情况、受力状态和煤层瓦斯赋存状态等因素基础上给出了预测煤层瓦斯涌出量的主成分回归分析模型。由于该模型的建立充分考虑了邻近层的影响，因而可以对开采层瓦斯抽采方法选择中的涌出量因子进行修正，以得到更适合现场的抽放方案。

第6章 基于因子分析的煤层
瓦斯抽采方法选择

对于煤层原始瓦斯含量较高、渗透性较差、瓦斯涌出量大以及具有煤与瓦斯突出危险的矿井,为了保证矿井开采的安全性,必须进行瓦斯抽采[201-202]。根据矿井自然条件设计合适的瓦斯抽采方案,既可以保证煤炭生产的安全性,也可以充分合理利用资源,是保证矿井的安全性、促进资源的合理利用以及提高矿井开采经济效益的前提条件[203-204]。本章基于反分析法得到的煤层瓦斯运移规律,综合考虑矿井的煤与瓦斯基本参数,对瓦斯抽采方法进行选择,以便给矿井瓦斯的抽采设计提供必要的理论参考依据。

6.1 开采层瓦斯预抽方式及选择依据

6.1.1 瓦斯抽采方法分类

开采层瓦斯抽放按抽放机理分为未卸压瓦斯预抽和卸压瓦斯预抽[205]。未卸压煤层的瓦斯抽放主要采用钻孔预抽,是在工作面开采前预先抽放煤体中的瓦斯,对于透气性条件较好的煤层,未卸压瓦斯预抽会取得较好效果。卸压抽采包括利用采动卸压抽采和人为强化卸压抽采。边采(掘)边抽利用采面(掘进面)开采时的卸压效应抽放本层瓦斯,当工作面推进时,工作面前方煤体由于卸压,透气性大幅度增强,抽放效率大幅度提高,采用斜向钻孔,抽放工作面前方煤体的卸压瓦斯。对于透气性较差的高浓度瓦斯煤层及有突出危险的煤层,采用水力压裂、水力割缝、预裂控制爆破等强化抽采方法。

6.1.2 瓦斯抽采方法选择依据及存在问题

目前现场主要综合考虑有无煤与瓦斯突出危险、瓦斯的涌出量及瓦斯抽放的难易程度三个因素,对抽放方式进行选择。是否具有突出危险或者涌出量较大是判断是否需要瓦斯抽采的依据;瓦斯抽采的难易程度是判断对必须进行抽采的矿井采用直接抽采或者需要泄压后抽采的重要因素。

然而,关于涌出量、突出危险性及抽放难易程度的判断有多种方法和判断依据。以抽放难易程度为例,现场进行抽放设计的时候,一般依据钻孔瓦斯流量衰减系数和煤层透气性系数来判断,但是,实际中会遇到两个值不同时归属同一个范围的情况(一个参数在可以抽放范围,而另一个参数在较难抽放范围),并且实际上煤与瓦斯基本参数中影响抽放难易程度的也不仅仅包括这两个。对煤与瓦斯突出的判断也面临类似的问题,即考虑的影响因素及采用的判别方法有很多种[206-210],但是每种判别方法由于要尽量简便的判断,往往只考虑2~4个主要影响因素,这必然会导致由于一些信息的缺失而产生的判断盲区,甚至失误。

在进行抽放设计的时候,从现场能够得到的数据除了矿井的基本地质条件外,就是煤与瓦斯的 7 个基本参数,严格来讲,这些参数对瓦斯抽放难易程度、有无煤与瓦斯突出危险及瓦斯涌出量均具有一定的影响。如何从直接测量的 7 个参数中找到隐含的决定性因子,从而对瓦斯抽采方法选择进行指导,是矿井瓦斯抽采设计的关键问题。

6.1.3　参数选择及数据的获得

本书选取现场抽放设计得到的煤层原始瓦斯含量、煤层瓦斯压力、钻孔瓦斯流量衰减系数、煤层透气性系数、煤对瓦斯的吸附常数 a 和 b 及煤的孔隙率等常规的煤与瓦斯的基本参数进行研究。各参数按照如下方法测量。

6.1.3.1　煤层原始瓦斯含量的测量

煤层瓦斯含量是指单位体积或质量的煤体中所含有的瓦斯量(换算成标准状态),经常使用 m^3/t 或者 mL/g 作为单位。煤层瓦斯含量是判断煤与瓦斯突出危险性以及预测瓦斯涌出量的重要参数之一。本书中所用矿井的煤层原始瓦斯含量均采用直接法测定。即利用煤层钻孔采集煤体煤芯,用解吸法直接测定瓦斯解吸量。采用该方法测定煤层瓦斯含量的原理是:根据煤样瓦斯解吸量和解吸规律推算煤样从采集开始至装罐解吸测定前的损失瓦斯量,再利用解吸后测定的煤样中残存瓦斯量计算煤层瓦斯含量。具体测定步骤如下:

(1)在新暴露的采掘工作面煤壁上,用煤电钻垂直煤壁打一个孔径 42 mm、长 8 m 以上的钻孔,当钻孔钻至 8 m 时开始取样,并记录采样开始时间 t_1。

(2)将采集到的新鲜煤样装罐并记录煤样装罐后开始解吸测定的时间 t_2,用瓦斯解吸速度测定仪测定不同时间 t 时的煤样累计瓦斯解吸总量 V_i,瓦斯解吸速度测定一般每隔 2 h 测 1 次,解吸测定停止后拧紧煤样罐以保证不漏气,送实验室测定煤样残存瓦斯量。

(3)损失量计算。将不同解吸时间时测得数据按式(6-1)换算成标准状态下的体积 V_{0i}。

$$V_{0i} = \frac{273.2(p_0 - 9.81h_w - P_s)V_i}{1.013 \times 10^5 (273 + T_w)} \tag{6-1}$$

式中　V_{0i}——换算成标准状态下的解吸瓦斯体积,mL;

　　　V_i——不同时间解吸瓦斯测定值,mL;

　　　p_0——大气压力,Pa;

　　　h_w——量管内水柱高度,mm;

　　　P_s——恒温下饱和水蒸气压力,Pa;

　　　T_w——量管内水温,℃。

煤样解吸测定前的暴露时间为 t_0,$t_0 = t_2 - t_1$;不同时间时测定的 V_{0i} 值所对应的煤样实际解吸时间为 $t_0 + t$;用绘图软件绘制全部测点 $[(t_0 + t)0.5, V_{0i}]$,将测点的直线关系段延长与纵坐标轴相交,直线在纵坐标轴上的截距即瓦斯损失量。

(4)将解吸测定后的煤样连同煤样罐送实验室测定其残存瓦斯量、水分和灰分等。

(5)根据煤样损失瓦斯量、解吸瓦斯量及残存瓦斯量和煤中可燃质质量,即可以求出煤样的瓦斯含量:

$$W = (V_0 + V_1 + V_2)/G_0 \tag{6-2}$$

式中　V_0——标准状态下煤样瓦斯解吸量,mL;

　　　V_1——标准状态下煤样损失瓦斯量,mL;

　　　V_2——标准状态下煤样残存瓦斯量,mL;

　　　G_0——煤样可燃质质量,g;

　　　W——煤样可燃瓦斯含量,mL/g。

原煤中的瓦斯含量可按下式计算:

$$W_0 = W \cdot \frac{100 - A_{ad} - M_{ad}}{100} \tag{6-3}$$

式中　W_0——原煤的瓦斯含量,mL/g;

　　　A_{ad}——煤中的灰分,%;

　　　M_{ad}——煤中的水分,%。

6.1.3.2　煤层瓦斯压力的测量

测量煤层原始瓦斯压力常用的方法包括现场实测法和间接法两种。现场实测法利用石门揭煤巷道在揭煤前打穿层钻孔煤层,封孔后测定煤层原始瓦斯压力;间接法是指使用现场取得的新鲜煤样测定煤层原始瓦斯含量,在此基础上利用朗缪尔方程反推煤层原始瓦斯压力。

本书中所参考矿井的煤层瓦斯压力均采用间接法确定煤层瓦斯压力。采用间接法计算煤层原始瓦斯压力的方法和公式如下:

$$W = \frac{abp}{1+bp} \cdot \frac{100 - A_{ad} - M_{ad}}{100} \cdot \frac{1}{1+0.31M_{ad}} + \frac{10\pi p}{\gamma} \tag{6-4}$$

式中　W——煤层瓦斯含量,m^3/t;

　　　a,b——吸附常数;

　　　p——煤层绝对瓦斯压力,MPa;

　　　A_{ad}——煤中的灰分,%;

　　　M_{ad}——煤中的水分,%;

　　　π——煤的孔隙率;

　　　γ——煤的重度,kN/m^3。

已知煤层原始瓦斯含量 W 时,利用式(6-4)即可反算出煤层原始瓦斯压力 p。

6.1.3.3　钻孔瓦斯流量衰减系数的计算

表征钻孔自然瓦斯涌出特征的参数有两个,分别是钻孔初始瓦斯涌出强度 q_0 和钻孔瓦斯流量衰减系数 α,其中钻孔瓦斯流量衰减系数 α 是一个评价煤层瓦斯预抽难易程度的重要指标。q_0 和 α 值是通过测定不同时间的钻孔自然瓦斯涌出量并按下式回归分析求得的:

$$q_t = e^{-at} \tag{6-5}$$

式中　q_t——自排时间为 t 时的钻孔自然瓦斯流量,m^3/min;

　　　q_0——自排时间 $t=0$ 时的钻孔自然瓦斯流量,m^3/min;

　　　α——钻孔自然瓦斯流量衰减系数,d^{-1};

　　　t——钻孔自排瓦斯时间,d。

$$Q_t = \int_0^t q_t \, dt = \int_0^t q_0 e^{-at} \, dt = \frac{q_0(1 - e^{-at})}{\alpha} \tag{6-6}$$

对式(6-6)积分可以得到任意时间 t 内钻孔自然瓦斯涌出总量 Q_t，即

$$Q_t = Q_J(1 - e^{-\alpha t})$$

(6-7)

式中　Q_t——时间 t 内钻孔自然瓦斯涌出总量，m^3；

　　　Q_J——钻孔极限瓦斯涌出量，$Q_J = 1\,440q_0/\alpha$，m^3；

其余符号意义同前。

具体测定步骤为：

（1）在掘进工作面选择新鲜暴露煤壁，沿煤层打一个孔径 75 mm、长 30～40 m 的钻孔，用 $\phi15$ mm 钢管和聚氨酯或水泥砂浆封孔，封孔长度为 3 m 左右，并记录成孔时间和封孔时间。

（2）定期测量钻孔自然瓦斯流量 q，并记录流量测定时的钻孔自排瓦斯时间 t。

（3）根据不同自排时间时的钻孔自然瓦斯流量测定数组（t_i, q_i），用回归分析法求出 q_0 和 α，即钻孔自然排放瓦斯规律。

6.1.3.4　煤层透气性系数

煤是一种多孔介质，在一定压力梯度下，气体可以在煤体内流动，煤层瓦斯流动难易程度通常用煤层透气性系数来衡量，煤层透气性系数也是用以评价煤层瓦斯能否实行预抽的基本参数。其物理意义是：在 1 m 长煤体上，当压力平方差为 1 MPa^2 时，通过 1 m^2 煤层断面每日流过的瓦斯体积。

目前国内广泛采用中国矿业大学提出的径向流量法来确定煤层透气性系数，该方法是当测压钻孔的瓦斯压力达到稳定最高值后，取下压力表卸除钻孔瓦斯压力，并定期测定钻孔瓦斯流量，然后按下述步骤计算煤层透气性系数。

（1）瓦斯压力确定：按照 6.1.2.2 节所述方法进行测定。

（2）瓦斯含量系数确定。

根据现场实测的煤层瓦斯含量和煤层瓦斯压力，采用式(6-8)确定瓦斯含量系数。

$$\alpha = W \cdot \gamma / P^{0.5}$$

(6-8)

式中　α——瓦斯含量系数，$m^3/(m^3 \cdot MPa^{0.5})$；

　　　W——煤层瓦斯含量，m^3/t；

　　　γ——煤的重度，kN/m^3；

　　　P——煤层瓦斯压力，MPa。

（3）煤层透气性系数的计算

采用径向流量法计算煤层透气性系数的公式见表 6-1。

表 6-1　径向不稳定流动参数计算公式

时间准数 $F_0 = B\lambda$	煤层透气性系数 λ	常数 A	常数 B
10-2-1	$\lambda = A^{1.01}B^{0.01}$		
1-10	$\lambda = A^{1.39}B^{0.391}$		
10-102	$\lambda = 1.1A^{1.25}B^{0.25}$	$A = \dfrac{qr_1}{P_0^2 - P_1^2}$	$B = \dfrac{4tP_0^{0.5}}{\alpha r_1^2}$
102-103	$\lambda = 1.83A^{1.14}B^{0.137}$		
103-105	$\lambda = 2.1A^{1.11}B^{0.111}$		
105-107	$\lambda = 3.14A^{1.07}B^{0.07}$		

表中　　F_0——时间准数,无因次;

P_0——煤层原始的绝对瓦斯压力,MPa;

P_1——钻孔中的瓦斯压力,一般为 0.1 MPa;

r_1——钻孔半径,m;

λ——煤层透气性系数,$m^2/(MPa^2 \cdot d)$;

q——在排放瓦斯时间为 t 时,通过钻孔煤壁单位面积的瓦斯流量,$m^3/(m^2 \cdot d)$。

q 可由式(6-9)确定:

$$q = \frac{Q}{S} = Q/(2\pi r_1 L) \tag{6-9}$$

Q——在时间 t 时的钻孔总流量,m^3/d;

L——钻孔见煤长度,一般等于煤层厚度,m。

6.1.3.5　煤对瓦斯的吸附常数

煤的瓦斯吸附常数是衡量煤吸附瓦斯能力大小的指标,煤样的工业分析值是计算煤层瓦斯含量的重要指标之一。目前,煤的吸附常数及煤样的工业分析只能在实验室内完成,其测定方法如下:

(1) 粉碎采集的新鲜煤样,取 0.2～0.25 mm 粒度的试样 30～40 g 装入密封罐中。

(2) 保持温度 60 ℃,控制密封罐高真空(10^{-2}～10^{-3} mmHg,1 mmHg＝133.32 Pa)状态,对试样进行脱气约 4 h。

(3) 保持 30 ℃恒温,控制压力为 0.1～6.6 MPa,进行不同瓦斯压力下的瓦斯吸附试验,测量各个压力下瓦斯的吸附量。

(4) 根据(3)中测量的各瓦斯压力下的瓦斯吸附量,按朗缪尔方程

$$W = abp/(1+bp) \tag{6-10}$$

通过回归计算出煤对瓦斯的吸附常数 a 和 b。

(5) 水分的测量:称取(1 ± 0.1) g 的粒度不超过 0.2 mm 的煤样,将煤样放到 105～110 ℃的干燥箱内干燥到恒重,原始煤样与干燥后煤样质量差占原煤样质量的百分比即水分。

(6) 灰分的测量:称取(1 ± 0.1) g 的粒度不超过 0.2 mm 的煤样,用箱型电炉将其灰化,再在(815 ± 10) ℃高温下将其灼热至恒重,待冷却到室温后称得残留物的质量,残留物质量与煤样原质量的百分比即灰分。

(7) 挥发分的测量:称取(1 ± 0.1) g 的粒度不超过 0.2 mm 的煤样,将煤样放入带盖的瓷锅中,在(900 ± 10) ℃的温度下隔绝空气加热 7 min,冷却到室温后测量其质量,计算煤样失去的质量占煤样质量的百分比,再用该百分比减去煤样的水分即挥发分。

6.1.3.6　煤的孔隙率

煤中瓦斯 90%以上是以吸附状态赋存在煤层中的孔隙内表面上,孔隙体积决定煤吸附瓦斯能力的大小。作为孔隙发育程度的衡量指标,传统的孔隙率测定是在实验室内进行的,通过对现场采集的煤样测定煤的真假密度来计算,计算公式如下:

$$\Phi = \frac{\rho_{真} - \rho_{假}}{\rho_{真}} \times 100\% \tag{6-11}$$

式中　　Φ——煤孔隙率;

$\rho_{真}$——煤的真密度,kg/m^3;

$\rho_{假}$——煤的假密度(又称为视密度),kg/m³。

文中所用的孔隙率计算采用了第 2 章的方法。对现场取到的煤样进行电镜扫描,根据第 2 章给出的计算公式得到煤样的三维孔隙率。这样的孔隙率计算方式,降低了对现场取样的形状和尺度要求,避免了计算煤样视密度过程中的测量误差。

6.1.3.7　数据整理

表 6-2 为由现场抽放设计测得的 15 个矿井的煤与瓦斯基本参数,以及根据传统方法和现场经验判断的抽放难易程度和突出危险性[211]。

表 6-2　各矿现场抽放报告数据

编号	煤层瓦斯压力/MPa	煤层原始瓦斯含量/(m³/t)	钻孔瓦斯流量衰减系数/d⁻¹	煤层透气性系数	煤对瓦斯的吸附常数		孔隙率/%	抽放难易程度	突出危险	本煤层瓦斯涌出量/(m³/min)
					a/(m³/t)	b/MPa⁻¹				
1	1.692	16.20	0.267	19.06	47.49	1.075	17.21	1	有	25.68
2	0.873	12.47	0.042	0.344	41.72	1.144	7.6	2	有	13.94
3	0.67	10.00	0.051	0.14	42.72	0.551	4.2	—	有	9.9
4	1.056	15.2	0.051	0.14	42.49	0.76	6.1	—	有	11.0
5	0.455	2.72	0.01	2.59	38.14	0.492	7.2	2	—	7.14
6	1.16	12.37	0.021	0.16	39.4	1.091	4.05	1	有	10.55
7	0.31	4.52	0.094	0.215	40.73	0.943	9.03	2	无	10.23
8	0.4	11.22	0.042	0.175	39.42	1.319	4.01	2	有	33.01
9	1.76	16.54	0.02	4.515	48.52	1.272	6.145	2	有	25.4
10	1.1	13.09	0.040	1.85	42.13	1.252	5.88	2	—	27.6
11	0.515	4.85	0.018	0.018	37.15	1.223	3.5	2	无	8.83
12	0.952 3	12.22	0.122	0.073	42.25	0.832	6.8	2	有	7.3
13	2.01	13.21	0.048	0.014	39.32	1.27	5.7	3	—	25.86
14	0.77	9.18	0.116	0.116	38.44	0.82	7.4	2	有	14.75
15	0.28	4.11	0.042	0.364	34.12	1.245	6	2	无	7.84

注:表中"—"表示依据实测数据和传统方法无法进行明确分类。抽放难易程度列:1 表示容易抽放,2 表示可以抽放,3 表示较难抽放,下同。

借鉴现场抽放设计已有的数据可以较为全面地考虑影响瓦斯涌出量、突出危险性及抽放难易程度的因素。基于这些基本参数,应用因子分析理论,得到了反映本煤层抽放难易程度、突出危险性及瓦斯涌出量(不考虑邻近层影响)3 个因子,通过各个煤层的因子得分情况进行本煤层瓦斯预抽方式的判断,以求能够较为客观和全面地对现场抽放设计给出指导意见。

由表 6-2 中数据可知:对于第 3、4 和 15 号矿,根据钻孔瓦斯流量衰减系数和煤层透气性系数两个参数的取值,根据表 1-2 中的条件进行判别,无法给出对抽放难易程度的判断。

第 3 号和第 4 号矿根据钻孔瓦斯流量衰减系数判断,属于较难抽放,而根据煤层透气性系数判断属于可以抽放。

6.2 正交因子分析方法

因子分析的主要目的是用来描述隐藏在一组测量到的变量中的一些更基本的但又无法直接测量得到的隐性变量[196](latent variable,latent factor),利用降维的思想,把每一个原始变量分解成两个部分,一部分是少数几个公共因子的线性组合,另一部分是该变量所独有的特殊因子,其中公共因子和特殊因子都是不可观测的隐性变量,需要对公共因子做出具有实际意义的合理解释[199]。

6.2.1 正交因子模型

定义 6-1 设 $\boldsymbol{x}=(x_1,x_2,\cdots,x_p)'$ 为 p 维可观测的随机向量,其均值为 $\mu=(\mu_1,\mu_2,\cdots,\mu_p)'$,协方差阵 $\sum=(\sigma_{ij})_{p\times p}$,相关系数矩阵 $\boldsymbol{R}=(\rho_{ij})_{p\times p}$。$\boldsymbol{f}=(f_1,f_2,\cdots,f_m)(m<p)$ 与 $\boldsymbol{\varepsilon}$ 为不可测随机向量,满足:

(1) $f_i(i=1,2,\cdots,m)$ 各向量间彼此线性不相关且具有单位方差,即 $E(\boldsymbol{f})=O_{m\times 1}$,$\text{var}(\boldsymbol{f})=I_{m\times m}$;

(2) $E(\boldsymbol{\varepsilon})=O_{m\times 1}$,$\text{var}(\boldsymbol{\varepsilon})=D=\text{diag}(\sigma_1^2,\sigma_2^2,\cdots,\sigma_p^2)$;

(3) 公共因子和特殊因子彼此不相关。

则称如下模型:

$$\begin{cases} x_1 = \mu_1 + a_{11}f_1 + a_{12}f_2 + \cdots + a_{1m}f_m + \varepsilon_1 \\ x_2 = \mu_2 + a_{21}f_1 + a_{22}f_2 + \cdots + a_{2m}f_m + \varepsilon_2 \\ \qquad\qquad\qquad\vdots \\ x_p = \mu_p + a_{p1}f_1 + a_{p2}f_2 + \cdots + a_{pm}f_m + \varepsilon_p \end{cases} \tag{6-12}$$

为正交因子模型。

其中,$f_1,f_2,\cdots,f_m$ 为 m 个公共因子,ε_i 是变量 $x_i(i=1,2,\cdots,p)$ 所独有的特殊因子,它们都是不可观测的隐性变量。称 $a_{ij}(i=1,2,\cdots,p;j=1,2,\cdots,m)$ 为因子荷载。将式(6-12)写成矩阵形式为:

$$\boldsymbol{X} = \boldsymbol{\mu} + \boldsymbol{A}\boldsymbol{f} + \boldsymbol{\varepsilon} \tag{6-13}$$

$\boldsymbol{A}=(a_{ij})_{p\times m}$ 称为因子荷载矩阵,$\boldsymbol{f}=(f_1,f_2,\cdots,f_m)^{\mathrm{T}}$ 称为公共因子向量,$\boldsymbol{\varepsilon}=(\varepsilon_1,\varepsilon_2,\cdots,\varepsilon_m)^{\mathrm{T}}$ 称为特殊因子向量。

6.2.2 正交因子模型的性质

单位化后的随机向量的正交因子模型具有如下性质。

性质 6-1 因子荷载矩阵为原始变量和公共因子变量的协方差矩阵:

$$\text{Cov}(\boldsymbol{X}_i,\boldsymbol{f}_i) = a_{ij} \quad (i=1,2,\cdots,p;j=1,2,\cdots,m)$$

即

$$\text{Cov}(\boldsymbol{X},\boldsymbol{f}) = \text{Cov}(\boldsymbol{\mu} + \boldsymbol{A}\boldsymbol{f} + \boldsymbol{\varepsilon},\boldsymbol{f})$$

在原始变量标准化的前提下有：

$$\rho(\boldsymbol{X}_i, \boldsymbol{f}_j) = a_{ij} \quad (i = 1, 2, \cdots, m; j = 1, 2, \cdots, m) \tag{6-14}$$

性质 6-2 模型不受量纲影响。

变量的量纲变化，等价于代数上的线性变换：$\boldsymbol{X}^* = \boldsymbol{CX}$（其中 $\boldsymbol{C}$ 为对角矩阵）。

性质 6-3 因子荷载矩阵是不唯一的。

设因子分析模型为：

$$\boldsymbol{X} = \boldsymbol{\mu} + \boldsymbol{Af} + \boldsymbol{\varepsilon}$$

$\boldsymbol{Z} = \boldsymbol{\Gamma}^{\mathrm{T}} \boldsymbol{f}$（其中 $\boldsymbol{\Gamma}$ 为任意的 m 阶单位正交矩阵），则有：

$$\boldsymbol{X} = \boldsymbol{A\Gamma Z} + \boldsymbol{\varepsilon} \tag{6-15}$$

以及

$$\begin{cases} D(z) = D(\boldsymbol{\Gamma}^{\mathrm{T}} \boldsymbol{f}) = \boldsymbol{\Gamma}^{\mathrm{T}} D(f) \boldsymbol{\Gamma} = I_m \\ \mathrm{Cov}(z, \boldsymbol{\varepsilon}) = \mathrm{Cov}(\boldsymbol{\Gamma}^{\mathrm{T}} \boldsymbol{f}, \boldsymbol{\varepsilon}) = \boldsymbol{\Gamma}^{\mathrm{T}} \mathrm{Cov}(\boldsymbol{f}, \boldsymbol{\varepsilon}) = \boldsymbol{0} \\ D(x) = D(\boldsymbol{A\Gamma Z}) + D(\boldsymbol{\varepsilon}) = \boldsymbol{A\Gamma} D(\boldsymbol{Z}) \boldsymbol{\Gamma}^{\mathrm{T}} \boldsymbol{A}^{\mathrm{T}} + \boldsymbol{D} = \boldsymbol{AA}^{\mathrm{T}} + \boldsymbol{D} \end{cases} \tag{6-16}$$

即对于公共因子向量左乘一个任意的单位正交阵后得到的新向量 $\boldsymbol{Z} = \boldsymbol{\Gamma}^{\mathrm{T}} \boldsymbol{f}$ 仍然为公共因子向量，此时相应的公共因子荷载矩阵变化为 $\boldsymbol{A\Gamma}$。由此性质可知：在实际问题中，当求得初始的因子荷载矩阵之后，可以将该矩阵反复右乘单位正交矩阵，几何上即进行旋转变换，以得到具有明显实际意义的公共因子。

6.2.3 正交因子模型中常用量的统计意义

（1）因子荷载

由：

$$\begin{aligned} \mathrm{Cov}(\boldsymbol{X}, \boldsymbol{f}) &= E(X - E(X))(f - E(f))^{\mathrm{T}} = E\left[(X - \mu)f^{\mathrm{T}}\right] \\ &= E\left[(Af + \varepsilon)f^{\mathrm{T}}\right] = AE(ff^{\mathrm{T}}) + E(\varepsilon f^{\mathrm{T}}) = A \end{aligned} \tag{6-17}$$

可知，因子荷载 $a_{ij}(i = 1, 2, \cdots, p; j = 1, 2, \cdots, m)$ 刻画了变量 X_i 与公共因子 f_j 之间的相关性，反映了公共因子对于变量的重要程度，对解释公共因子具有重要的作用。

（2）变量共同度

称因子荷载矩阵中各行元素的平方和为变量共同度，记为：

$$h_i^2 = \sum_{j=1}^{m} a_{ij}^2 \tag{6-18}$$

由变量 x_i 的方差可有：

$$\mathrm{var}(x_i) = \mathrm{var}\left(\sum_{j=1}^{m} a_{ij} f_i + \varepsilon_i\right) = \sum_{j=1}^{m} a_{ij}^2 \mathrm{var}(f_i) + \mathrm{var}(\varepsilon_i) = h_i^2 + \sigma_i^2 \tag{6-19}$$

由式（6-19）可知：变量 x_i 的方差可分解为两个部分，其中第一部分反映了全部的公共因子对于变量 x_i 的总方程所作贡献，称为公共因子方差；第二部分反映了特定因子 ε_i 对于变量总方差的影响，称为剩余方差。显然公因子方程越大，剩余方差越小，表示此时的变量 x_i 对于公共因子的共同依赖程度较高。因为公共因子方差反映了变量 x_i 对于公共因子的共同依赖程度，也称其为变量 x_i 的共同度。

（3）公共因子的方差贡献

对于因子荷载矩阵 $\boldsymbol{A}$，将其中元素按列求平方和，记为：

$$q_j^2 = \sum_{i=1}^{p} a_{ij}^2 \quad (j = 1, 2, \cdots, m) \tag{6-20}$$

q_j^2 表示第 j 个公共因子对于所有分量影响的总和,可以作为衡量第 j 个公共因子相对重要性的指标,称其为第 j 个公共因子对于 x 的方差贡献。

在应用的过程中,通常按照公共因子的方差贡献,即求出因子荷载矩阵各列的平方和,然后根据值由大到小的顺序对公共因子进行排序。

6.2.4 方差最大的正交旋转

由性质 6-3 可知:对于因子模型的因子荷载矩阵,可以通过右乘正交矩阵,将因子轴进行正交旋转。旋转的过程中注意到:对于因子荷载矩阵,每一列的数据分布越分散,该公共因子所对应的方差越大。

记

$$d_{ij}^2 = \frac{a_{ij}^2}{h_i^2}$$

称

$$V_j = \sum_{i=1}^{p} \frac{(d_{ij}^2 - \overline{d_j})^2}{p} = \frac{1}{p^2}\left[p \sum_{i=1}^{p} \frac{a_{ij}^4}{h_i^4} - \left(\sum_{i=1}^{p} \frac{a_{ij}^2}{h_i^4} \right)^2 \right] \tag{6-21}$$

为第 j 列数据的方差。其中

$$\overline{d_j} = \frac{1}{p} \sum_{i=1}^{p} d_{ij}^2 \quad (j = 1, 2, \cdots, m)$$

此时因子荷载矩阵 $\boldsymbol{A}$ 的方差为:

$$V = \sum_{j=1}^{m} V_j = \frac{1}{p^2}\left\{ \sum_{j=1}^{m}\left[p \sum_{i=1}^{p} \frac{a_{ij}^4}{h_i^4} - \left(\sum_{i=1}^{p} \frac{a_{ij}^2}{h_i^2} \right)^2 \right] \right\}$$

第 j 列数据的方差值反映了该列数据的分散程度。值越大,数据越分散。因而在正交旋转的过程中,希望进行使方差最大的选择,使得到的公共因子具有尽量简化的结构。

6.2.5 因子得分

通过建立正交因子模型,得到模型的公共因子及其荷载矩阵,并且为了给模型中的公共因子以合理的解释,对模型进行了方差最大的正交旋转。在实际应用过程中,为了更好地解释公共因子,往往需要将公共因子表示成变量的线性组合。

$$F_j = b_{j1}X_1 + \cdots + b_{jp}X_P + \varepsilon_j \quad (j = 1, 2, \cdots, m) \tag{6-22}$$

称式(6-22)为因子得分函数。该函数中的待定系数可以通过回归分析方法进行估计。常见的因子得分估计方法有加权最小二乘法和回归法两种。本书采用的是加权最小二乘法。

设 X 与 F 分别为标准化后的变量和公因子,并且满足式(6-22)中的回归函数。由于 X 满足正交因子模型 $X = AF + \varepsilon$,将特殊因子 ε 视为误差,记其方差为:

$$\mathrm{var}(\varepsilon_i) = \sigma_i^2 \quad (i = 1, 2, \cdots, p)$$

采用不同误差方差的倒数作为权重,构造误差的加权平方和函数:

$$\varphi(F) = \sum_{i=1}^{p} \frac{\varepsilon_i^2}{\sigma_i^2} = \varepsilon^{\mathrm{T}} D^{-1} \varepsilon = (X - AF)^{\mathrm{T}} D^{-1}(X - AF) \tag{6-23}$$

则问题转化为求 F 的估计量 $\hat{F}$，使得上述加权平方和函数 $\varphi(F)$ 取得最小值。

由

$$\frac{\partial \varphi(F)}{\partial F} = 0$$

解得 F 的估计量：

$$\hat{F} = (A^{\mathrm{T}}D^{-1}A)^{-1}A^{\mathrm{T}}D^{-1}X \tag{6-24}$$

式（6-24）即因子得分的加权最小二乘估计。

6.3　基于煤与瓦斯基本参数的因子分析

6.3.1　煤层瓦斯抽采方法选择系统

（1）开发环境

煤层瓦斯抽采方法选择系统 V1.0 以 Windows XP 为平台，以 MATLAB 2010b 为开发工具，利用 MATLAB 语言进行系统开发。

（2）系统运行环境

Windows XP/2003 或 Windows 7 操作系统。

（3）系统主要功能

系统主要功能包括根据用户的输入信息通过基于因子分析的方法得到反映煤层抽放难易程度、突出危险性及瓦斯涌出量（不考虑邻近层影响）3 个因子，通过各个煤层的因子得分情况进行煤层瓦斯预抽方式的判断，具体流程如图 6-1 所示。

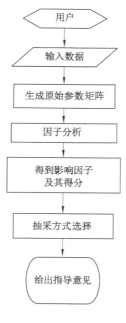

图 6-1　流程图

（4）主要技术

① 原始分析数据生成。根据用户输入的信息，生成原始数据矩阵。

② 原始数据因子分析。系统根据用户输入的回采工作面参数信息，利用 MATLAB 进行因子分析运算（进行最大旋转），得到上述 3 个公因子时的各个参数的因子荷载及特殊方差估计结果。

③ 根据上述的运算结果中各个因子的得分情况给出煤层瓦斯抽采方法的指导意见。系统主要功能包括根据用户的输入信息通过主成分回归分析方法得到研究工作面的影响瓦斯涌出量的主成分，根据主成分分量进行多步线性回归来预测回采工作面的瓦斯涌出量，以及进行最终的数据分析。

6.3.2 系统使用方法

（1）输入已知工作面原始参数

鉴于本系统分析的原始工作面及参数数量巨大，采用调用数据表格的方式读入原始信息。经过处理，系统自动根据表格生成一个 m 行、n 列的矩阵。其中行数代表所在工作面编号，列数代表参数编号。

① 使用 MATLAB 中的 import data，导入 Excel 文件，如图 6-2 所示。

图 6-2 数据导入界面

② 运行本系统，选择 workspace 中的变量（图 6-3）。

（2）进行因子分析

进行完第一步之后，按进行预测按钮，得到各个参数的因子荷载及特殊方差估计。

（3）给出指导意见

预抽方法建议如图 6-4 所示。

6.3.3 结果分析

基于表 6-2 中的各个矿的煤与瓦斯的基本参数数据，利用 MATLAB 进行因子分析运算，并对因子模型进行最大旋转，得到上述 3 个公因子时的各个参数的因子荷载及特殊方差估计，见表 6-3，前 3 个因子得分及累计得分见表 6-4。

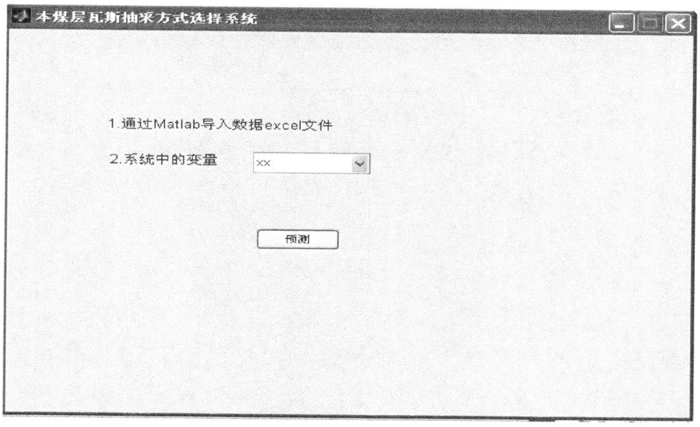

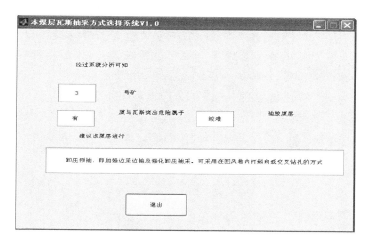

图 6-3　变量选择界面

图 6-4　预抽方法建议

表 6-3　各个参数的因子荷载及特殊方差估计

参数	第一因子荷载	第二因子荷载	第三因子荷载	特殊方差估计
煤层瓦斯压力	0.164 3	0.785 0	0.196 6	0.318 1
煤层原始瓦斯含量	0.014 6	0.981 6	0.134 6	0.018 2
钻孔瓦斯流量衰减系数	0.907 5	−0.032 5	−0.200 8	0.135 0
煤层透气性系数	0.900 7	0.359 7	0.102 9	0.048 7
煤对瓦斯的吸附常数 a	0.347 6	0.785 6	−0.089 7	0.254 0
煤对瓦斯的吸附常数 b	−0.090 6	0.141 3	0.983 3	0.005 0
孔隙率	0.882 1	0.229 3	−0.030 2	0.168 4

表 6-4　各因子贡献率　　　　　　　　　　单位:%

第一因子	第二因子	第三因子	累计
36.704 5	34.283 8	15.477 8	86.466 1

由表 6-3 可以看出:第一因子在钻孔瓦斯流量衰减系数、煤层透气性系数及孔隙率上荷载分别为 0.907 5、0.900 7 和 0.882 1,这三个参数与煤层瓦斯抽放难易程度密切相关,因而第一因子可解释为抽放难易程度因子;第二因子在煤层瓦斯压力、煤层原始瓦斯含量、煤对瓦斯的吸附常数 a 及煤层透气性系数上荷载分别为 0.785 0、0.981 6、0.785 6 和 0.359 7,这几个参数与煤与瓦斯突出危险有较大关联,因而第二因子可解释为煤与瓦斯突出危险因子;第三因子在煤对瓦斯的吸附常数 b、煤层瓦斯压力、煤层原始瓦斯含量及煤层透气性系数上荷载分别为 0.983 3、0.196 6、0.134 6 和 0.102 9,这几个因子与煤层瓦斯的涌出量之间关联较大,因而第三因子可对应解释为瓦斯涌出量因子(不考虑邻近层的影响)。

由表 6-3 中各参数的特殊方差估计可以看出:最大特殊方差为 0.318 1<1,没有出现海伍德现象,由表 6-4 可知 3 个因子的贡献率分别为 36.704 5%、34.283 8% 和 15.477 8%,累计贡献率为 86.466 1%。可见选择 3 个因子的模型拟合是合理的。

计算得到表 6-3 中的矿井在 3 个因子上的得分情况,进一步根据抽放难易程度因子和煤与瓦斯突出危险因子的得分,对各矿的抽放难易程度和突出危险进行判别,结果见表 6-5,各矿关于抽放难易程度以及突出危险因子得分的分布散点图如图 6-5 所示。由图 6-5 可知:5、7、11 和 15 号矿突出因子得分较低,归为无突出危险,其余矿为有突出危险。抽放难易程度因子得分以 −0.5 和 1.0 为分界线,将各矿的抽放难易程度分为三类。1 号矿为容易抽采,2、5、7、9、10、11、12 和 14 号矿为可以抽采,3、4、6、8、13 号矿为较难抽采。

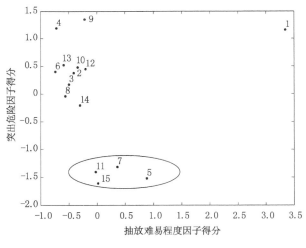

图 6-5　因子分布的散点图

6.3.4　根据因子得分的抽采方法选择

表 6-5 为各个矿对应的因子得分及根据因子得分判断的抽放难易程度和突出危险性。

对比表 6-2 和表 6-5 容易看出：其中除了根据因子得分 6 号矿和 8 号矿应为较难抽放煤层，而根据传统判断应为可以抽放煤层，出现了不一致的情况外，因子得分与现场判断具有非常好的一致性。由抽放报告可以看出：这两个矿虽然判断为可以抽放，但是综合对比其他矿的情况，判断抽放有一定难度，最终还是采用了卸压开采的方法，说明根据因子得分进行判断是合理的。3 号矿有煤与瓦斯突出危险并且属于较难抽放煤层，因此应对该煤层进行卸压预抽，即加强边采边抽及强化卸压抽采。结合现场情况，采用了在回风巷道内打斜向或交叉钻孔的方式，取得了较好的预抽效果。4 号矿具有较强的煤与瓦斯突出危险并且属于较难抽放煤层，应加强边采边抽，并适当加大布孔密度和增加抽放时间以提高预抽效果，也可以采用预裂爆破等强化抽放方式来提高预抽效果，结合该矿现场情况，采用在回风巷道内打斜向或交叉钻孔及在掘进工作面顺槽两帮掘钻场抽放。

表 6-5　各个矿的因子得分及依据得分的分类情况

编号	第一因子得分	第二因子得分	第三因子得分	抽放难易程度	突出危险
1	3.345 0	1.158 3	0.351 7	1	有
2	−0.413 1	0.375 5	0.372 6	2	有
3	−0.496 7	0.168 5	−1.821 6	3	有
4	−0.718 7	1.188 5	−1.208 3	3	有
5	0.879 6	−1.520 5	−1.674 3	2	无
6	−0.739 1	0.398 6	0.147 5	3	有
7	0.363 3	−1.314 4	−0.068 8	2	无
8	−0.561 0	−0.039 7	1.074 6	3	有
9	−0.217 6	1.353 6	0.732 8	2	有
10	−0.341 8	0.479 5	0.771 2	2	有
11	−0.023 1	−1.404 6	0.960 9	2	无
12	−0.203 2	0.449 4	−0.792 6	2	有
13	−0.590 6	0.520 1	0.811 2	3	有
14	−0.301 2	−0.204 5	−0.740 3	2	有
15	0.018 3	−1.608 5	1.083 3	2	无

15 号矿无突出危险，属于较难抽放煤层，结合现场情况，工作面回采过程中瓦斯涌出量较大。并且由第 5 章数值模拟的结果可知：在开采过程中，回采工作面的瓦斯涌出主要来源于落煤，以及煤壁初始暴露时涌出的游离态瓦斯，在一段时间后，煤层中吸附态瓦斯经过解吸、扩散、渗流所产生的涌出量会渐趋稳定，并长时间维持较小的流量。因此，在开采过程中，通过边采边抽，并适当加大布孔密度和增加抽放时间来提高瓦斯的预抽效果。

对于根据传统判断方式无法判断的矿，根据其因子得分及已知矿的情况给出了判断，在表中以黑体字标识。

由于基于煤与瓦斯基本参数运算得到的瓦斯涌出量因子,在计算时没有考虑煤层厚度、工作面长度、推进速度、采出率、邻近层瓦斯含量、邻近层厚度、邻近层层间距、层间岩性、开采深度和顶板管理方式等因素的影响,所以仅根据第三因子得分对瓦斯涌出量进行判断的结果会小于煤层真实的瓦斯涌出量,并且由于各煤层邻近层情况相差较大,根据第三因子得分对书中15个矿的涌出量进行分类也是不准确的。因此在实际工程应用中,关于涌出量的预测,采用第5章的主成分回归分析模型修正后的涌出量作为真正的瓦斯涌出量参考。前两个因子得分和修正后的涌出量见表6-6。

表6-6 各个矿的前两个因子得分及修正的涌出量

编号	第一因子得分	第二因子得分	抽放难易程度	突出危险	本煤层的涌出量 /(m³/min)	修正后的涌出量 /(m³/min)
1	3.345 0	1.158 3	1	有	25.68	50
2	−0.413 1	0.375 5	2	有	13.94	24.2
3	−0.496 7	0.168 5	3	有	9.9	45.7
4	−0.718 7	1.188 5	3	有	11.0	35.2
5	0.879 6	−1.520 5	2	无	7.14	21.62
6	−0.739 1	0.398 6	3	有	10.55	15.48
7	0.363 3	−1.314 4	2	无	10.23	19.43
8	−0.561 0	−0.039 7	3	有	33.01	37.37
9	−0.217 6	1.353 6	2	有	25.4	27.39
10	−0.341 8	0.479 6	2	有	27.6	27.85
11	−0.023 1	−1.404 6	2	无	8.83	25.42
12	−0.203 2	0.449 4	2	有	7.3	25.57
13	−0.590 6	0.520 1	3	有	25.86	36.75
14	−0.301 2	−0.204 5	2	有	14.75	17.64
15	0.018 3	−1.608 5	2	无	7.84	16.55

考虑煤层厚度、工作面长度、推进速度、采出率、邻近层瓦斯含量、邻近层厚度、邻近层层间距、层间岩性、开采深度和顶板管理方式等因素的影响,利用第5章方法修正后的涌出量相较于第三因子得分的判断有较大差异。如3号矿,根据第三因子得分判断,涌出量在书中研究的15个工作面中较低,但是其修正后的涌出量预测为45.7 m³/min,根据现场分析,煤层较厚,邻近层对其涌出量影响较大。因而在对3号矿进行抽采的时候,除考虑加强卸压抽采外,还需加强边采边抽,以解决其大量的瓦斯涌出问题。

6.4 本章小结

根据现场煤与瓦斯的7个基本参数,采用因子分析对瓦斯抽采方法的选择给出合理的判断,解决了采用传统方法无法判断的情况。

(1)应用因子分析,从煤与瓦斯的7个基本参数得到了反映煤层抽放难易程度、突出危险性及瓦斯涌出量(不考虑邻近层影响)3 个因子,从各参数的特殊方差估计及贡献率来看,选择三个因子的模型是合理的。

(2) 通过各个煤矿因子的得分情况,根据因子得分进行的判断与按传统方式进行的判断具有非常好的一致性,并且对采用传统方法无法分类的情况也给出了合理的分类判断。

(3) 根据瓦斯抽放难易程度及煤与瓦斯突出危险因子得分情况,可以对开采层瓦斯预抽方法进行判断,进而较为客观和全面地对现场抽放设计给出指导意见。

(4) 关于瓦斯涌出量因子,由于只考虑了本煤层的情况,并且由于所选择的矿井均属于高浓度瓦斯矿井,因而瓦斯涌出量因子在上述矿井的抽采设计中并没有起到参考作用。当出现三个因子得分同时较低,即无突出危险、容易抽放且涌出量较小时,需要结合邻近层等其他因素对瓦斯涌出量进行全面考量,如果能够在现场抽放设计时给出足够多的实测信息,也可以采用主成分分析等方法对瓦斯涌出量进行合理预测,进而为抽放方式的选择提供充分的信息和判断依据。

第 7 章　结论与展望

7.1　结论

在理论研究的基础上,设计试验方案,研发相应的试验设备,进行了气测可变形多孔介质渗透性试验和型煤中瓦斯运移的室内试验。理论分析和试验研究相结合,构建了微分方程参数反演和微分方程未知源汇项识别的反问题,提出了针对这些反问题的反分析方法。在上述工作的基础上,进一步研究了瓦斯涌出预测和瓦斯抽采方案的智能选取,主要结论如下:

(1) 分析了气体通过可变形多孔介质的渗流,在自行研制的设备上进行了气测可变形多孔介质渗透性试验,采用充分考虑适定性的遗传初值高斯-牛顿法研究了外加荷载及孔隙压力对吸附性气体在煤体中渗透特性的影响。借助试验数据和控制方程的解析解,获得了在外加荷载和孔隙压力共同作用下的瓦斯在煤体中的非线性渗透率函数。

(2) 代替孔隙系统中瓦斯吸附解吸的细观研究,将孔隙系统对裂隙系统中游离瓦斯流动的影响视为未知的有待识别的源汇项,从而得到非齐次抛物型方程源汇项识别的反问题。设计并进行了瓦斯在型煤试件中的运移试验,得到了反分析所需的足够多的实测数据,利用抛物型方程的基本解结合吉洪诺夫正则化方法,识别了瓦斯运移控制方程中的未知扩散源,研究了渗流过程中扩散源的变化规律,并利用得到的源函数识别了朗缪尔方程中的吸附解吸常数。

(3) 在采用反分析方法得到的非线性渗透率函数和朗缪尔方程基础上建立了煤层瓦斯运移的流固耦合模型,数值模拟了巷道煤壁瓦斯涌出,以及煤层中不同位置处的残余瓦斯含量。选取影响回采工作面瓦斯涌出的 13 个因素,对这些因素的原始数据进行了主成分分析,用得到的主成分分量进行多步线性回归,得到了以主成分分量为自变量的瓦斯涌出量函数,用该函数预测了待定回采工作面的瓦斯涌出量。

(4) 基于煤与瓦斯的 7 个基本参数,应用因子分析方法,得到了反映本煤层瓦斯抽放难易程度、突出危险性及瓦斯涌出量(不考虑邻近层影响)3 个因子。根据因子得分,对开采层瓦斯抽放难易程度及煤和瓦斯突出危险性进行了分类,关于瓦斯涌出量的预测,可以获得相应统计数据的矿井,采用第 5 章的方法进行修正,进而对开采层瓦斯预抽方式进行选择。

7.2　展望

本书建立了描述煤层瓦斯扩散对渗流影响的数学模型,配合自主设计的三轴瓦斯运移试验,借助抛物型微分方程的基本解,结合反分析理论中的吉洪诺夫正则化方法和 GCV

法,最终实现了对渗流过程中扩散源的识别,为建立流固耦合模型分析煤体中瓦斯运移规律提供了新的研究思路。但是由于目前的研究限于小试件,不涉及大尺度的裂隙,因而采用该方法进行处理是基本合理的。但若应用到工程尺度,基于连续介质的离散元方法更符合实际情况。因本书的研究重点是解吸扩散对渗流的源汇补充作用,对煤体的裂隙展布规律及网络生成没有做细致的研究,因而建模的时候直接采用了书中得到的关系,今后考虑在书中反问题的理论研究基础上,如何更加准确地建立模型,模拟研究煤层瓦斯运移规律。

目前本书是通过分段线性近似,即在短时间内不考虑煤体变形对渗流的影响,识别了瓦斯渗流过程中的时间相关扩散源。随着反分析理论的不断完善和发展,未来可以将煤体变形和瓦斯扩散同时考虑,即同时识别非线性抛物型方程中的未知系数和未知源函数,进而将煤体变形和吸附态瓦斯的扩散对渗流的影响进行区分。

随着煤层地质和瓦斯数据的不断丰富,大数据和机器学习方法不断完善,已有学者利用瓦斯动态监测数据和深度学习方法解决瓦斯的预警预报问题[212-213]。未来可以将人工智能应用到瓦斯抽采设计中,为矿井瓦斯抽采设计提供服务。

参 考 文 献

[1] 聂百胜,郭勇义,吴世跃,等.煤粒瓦斯扩散的理论模型及其解析解[J].中国矿业大学学报,2001,30(1):19-22.

[2] 周世宁,林柏泉.煤层瓦斯赋存与流动理论[M].北京:煤炭工业出版社,1999.

[3] 李传亮,彭朝阳,朱苏阳.煤层气其实是吸附气[J].岩性油气藏,2013,25(2):112-116.

[4] 何学秋.含瓦斯煤岩流变动力学[M].徐州:中国矿业大学出版社,1995.

[5] 唐巨鹏,潘一山,李成全,等.固流耦合作用下煤层气解吸-渗流实验研究[J].中国矿业大学学报,2006,35(2):274-278.

[6] 隆清明,赵旭生,孙东玲,等.吸附作用对煤的渗透率影响规律实验研究[J].煤炭学报,2008,33(9):1030-1034.

[7] PENG Y,LIU J S,WEI M Y,et al.Why coal permeability changes under free swellings:new insights[J].International journal of coal geology,2014,133:35-46.

[8] LIU Q Q,CHENG Y P,WANG H F,et al.Numerical assessment of the effect of equilibration time on coal permeability evolution characteristics[J].Fuel,2015,140:81-89.

[9] 刘正东.高应力煤体物理结构演化特性对瓦斯运移影响机制研究[D].徐州:中国矿业大学,2020.

[10] PAN Z J,CONNELL L D,CAMILLERI M,et al.Effects of matrix moisture on gas diffusion and flow in coal[J].Fuel,2010,89(11):3207-3217.

[11] 段三明.煤层瓦斯扩散-渗流规律的研究[D].太原:太原理工大学,1998.

[12] 聂百胜.煤粒瓦斯解吸扩散动力过程的实验研究[D].太原:太原理工大学,1998.

[13] 马东民.煤层气吸附解吸机理研究[D].西安:西安科技大学,2008.

[14] 何学秋,聂百胜.孔隙气体在煤层中扩散的机理[J].中国矿业大学学报,2001,30(1):1-4.

[15] 张力,何学秋,李侯全.煤层气渗流方程及数值模拟[J].天然气工业,2002,22(1):23-26.

[16] 魏建平,秦恒洁,王登科,等.含瓦斯煤渗透率动态演化模型[J].煤炭学报,2015,40(7):1555-1661.

[17] 袁梅,许江,李波波,等.气体压力加卸载过程中无烟煤变形及渗透特性的试验研究[J].岩石力学与工程学报,2014,33(10):2138-2147.

[18] 胡国忠,王宏图,范晓刚,等.低渗透突出煤的瓦斯渗流规律研究[J].岩石力学与工程学报,2009,28(12):2527-2534.

[19] 曹树刚,李勇,郭平,等.型煤与原煤全应力-应变过程渗流特性对比研究[J].岩石力学与工程学报,2010,29(5):899-906.

［20］卢平,沈兆武,朱贵旺,等.岩样应力应变全程中的渗透性表征与试验研究［J］.中国科学技术大学学报,2002,32(6):678-684.

［21］梁冰,章梦涛,王泳嘉.煤层瓦斯渗流与煤体变形的耦合数学模型及数值解法［J］.岩石力学与工程学报,1996,15(2):135-142.

［22］李祥春,郭勇义,吴世跃,等.考虑吸附膨胀应力影响的煤层瓦斯流-固耦合渗流数学模型及数值模拟［J］.岩石力学与工程学报,2007,26(增1):2743-2748.

［23］BARRER R M. Diffusion in and through solids［M］. London:Cambridge University Press,1951:28-29.

［24］RUCKENSTEIN E,VAIDYANATHAN A S,YOUNGQUIST G R. Sorption by solids with bidisperse pore structures［J］. Chemical engineering science,1971,26(9):1305-1318.

［25］FLETCHER A J,UYGUR Y,THOMAS K M. Role of surface functional groups in the adsorption kinetics of water vapor on microporous activated carbons［J］. The journal of physical chemistry C,2007,111(23):8349-8359.

［26］杨其銮,王佑安.煤屑瓦斯扩散理论及其应用［J］.煤炭学报,1986,(3):89-96.

［27］聂百胜,何学秋,王恩元.瓦斯气体在煤孔隙中的扩散模式［J］.矿业安全与环保,2000,27(5):14-17.

［28］王恩元,何学秋.瓦斯气体在煤体中的吸附过程及其动力学机理［J］.江苏煤炭,1996(3):17-19.

［29］郭勇义,吴世跃,王跃明,等.煤粒瓦斯扩散及扩散系数测定方法的研究［J］.山西矿业学院学报,1997(1):15-19.

［30］SMITH D M,WILLIAMS F L. Diffusion models for gas production from coals［J］. Fuel,1984,63(2):251-255.

［31］CLARKSON C R,BUSTIN R M. The effect of pore structure and gas pressure upon the transport properties of coal:a laboratory and modeling study. 2. Adsorption rate modeling［J］. Fuel,1999,78(11):1345-1362.

［32］SHI J Q,DURUCAN S. A bidisperse pore diffusion model for methane displacement desorption in coal by CO_2 injection ［J］. Fuel,2003,82(10):1219-1229.

［33］CUI X J,BUSTIN R M,DIPPLE G. Selective transport of CO_2,CH_4,and N_2 in coals:insights from modeling of experimental gas adsorption data［J］. Fuel,2004,83(3):293-303.

［34］ZHAO W,CHENG Y P,JIANG H N,et al. Modeling and experiments for transient diffusion coefficients in the desorption of methane through coal powders ［J］. International journal of heat and mass transfer,2017,110:845-854.

［35］YUE G W,WANG Z F,XIE C,et al. Time-dependent methane diffusion behavior in coal:measurement and modeling ［J］. Transport in porous media,2017,116(1):319-333.

［36］RUCKENSTEIN E,VAIDYANATHAN A S,YOUNGQUIST G R. Sorption by solids with bidisperse pore structures［J］. Chemical engineering science,1971,26(9):1305-1318.

[37] CROSDALE P J, BEAMISH B B, VALIX M. Coalbed methane sorption related to coal composition[J]. International journal of coal geology, 1998, 35 (1/2/3/4): 147-158.

[38] GUO J Q, KANG T H, KANG J T, et al. Effect of the lump size on methane desorption from anthracite[J]. Journal of natural gas science and engineering, 2014, 20:337-346.

[39] ZHANG J. Experimental study and modeling for CO_2 diffusion in coals with different particle sizes:based on gas absorption (imbibition) and pore structure[J]. Energy and fuels, 2016, 30(1):531-543.

[40] BARENBLATT G I, ZHELTOV I P, KOCHINA I N. Basic concepts in the theory of seepage of homogeneous liquids in fissured rocks strata[J]. Journal of applied mathematics and mechanics, 1960, 24(5):1286-1303.

[41] 吴世跃. 煤层瓦斯扩散与渗流规律的初步探讨[J]. 山西矿业学院学报, 1994(3): 259-263.

[42] 吴世跃, 郭勇义. 煤层气运移特征的研究[J]. 煤炭学报, 1999(1):67-71.

[43] PENG Y, LIU J, WEI M, et al. Why coal permeability changes under free swellings: New insights[J]. International journal of coal geology, 2014, 133:35-46.

[44] LIU L Y, ZHU W C, WEI C H, et al. Microcrack-based geomechanical modeling of rock-gas interaction during supercritical CO_2 fracturing[J]. Journal of petroleum science and engineering, 2018, 164:91-102.

[45] 林柏泉, 刘厅, 杨威. 基于动态扩散的煤层多场耦合模型建立及应用[J]. 中国矿业大学学报, 2018, 47(1):32-39.

[46] 刘泽源. 基于修正窜流项的煤层气非等温扩散-渗流模型[D]. 沈阳:东北大学, 2021.

[47] HEMA S, IGOR H, ROBERT M, et al. Infuence of carbon dioxideon coal permeability determined by pressure transient methods[J]. International journal of coal geology, 2009, 77(1/2):109-118.

[48] 周世宁, 孙辑正. 煤层瓦斯流动理论及其应用[J]. 煤炭学报, 1965(1):26-39.

[49] 尹光志, 蒋长宝, 李晓泉, 等. 突出煤和非突出煤全应力-应变瓦斯渗流试验研究[J]. 岩土力学, 2011, 32(6):1613-1620.

[50] 王登科, 彭明, 魏建平, 等. 煤岩三轴蠕变-渗流-吸附解吸实验装置的研制及应用[J]. 煤炭学报, 2016, 41(3):644-652.

[51] 刘延保, 曹树刚, 李勇, 等. 煤体吸附瓦斯膨胀变形效应的试验研究[J]. 岩石力学与工程学报, 2010, 29(12):2484-2492.

[52] 罗新荣. 煤层瓦斯运移物理与数值模拟分析[J]. 煤炭学报, 1992, 17(2):49-56.

[53] 隆清明. 煤的吸附作用对瓦斯渗透特性的影响[D]. 北京:煤炭科学研究总院, 2008.

[54] 徐曾和, 徐小荷, 许继军. 可变形多孔介质渗透系数的测定方法[J]. 实验力学, 1998, 13(3):314-320.

[55] 尹光志, 李小双, 赵洪宝, 等. 瓦斯压力对突出煤瓦斯渗流影响试验研究[J]. 岩石力学与工程学报, 2009, 28(4):697-702.

［56］曹树刚,郭平,李勇,等.瓦斯压力对原煤渗透特性的影响［J］.煤炭学报,2010,35（4）：595-599.

［57］SOMERTON W H,SÖYLEMEZOLU I M,DUDLEY R C. Effect of stress on permeability of coal［J］. International journal of rock mechanics and mining sciences & geomechanics abstracts,1975,12(5/6):129-145.

［58］ZHAO Y S,HU Y Q,ZHAO B H,et al. Nonlinear coupled mathematical model for solid deformation and gas seepage in fractured media［J］. Transport in porous media, 2004,55(2):119-136.

［59］尹光志,李文璞,李铭辉,等.加卸载条件下原煤渗透率与有效应力的规律［J］.煤炭学报,2014,39（8）:1497-1503.

［60］许江,李波波,周婷,等.循环荷载作用下煤变形及渗透特性的试验研究［J］.岩石力学与工程学报,2014,33（2）:225-235.

［61］MIAO X X,LI S C,CHEN Z Q,et al. Experimental study of seepage properties of broken sandstone under different porosities［J］. Transport in porous media,2011, 86(3):805-814.

［62］周世宁.煤样瓦斯渗透率的试验研究［J］.中国矿业学院学报,1987,16（1）:21-27.

［63］GEORGE J D,BARAKAT M A. The change in effective stress associated with shrinkage from gas desorption in coal［J］. International journal of coal geology,2001, 45(2/3):105-113.

［64］孙培德.变形过程中煤样渗透率变化规律的实验研究［J］.岩石力学与工程学报,2001, 20（增1）:1801-1804.

［65］ZHU W C,LIU J S,SHENG J C,et al. Analysis of coupled gas flow and deformation process with desorption and Klinkenberg effects in coal seams［J］. International journal of rock mechanics and mining sciences,2007,44(7):971-980.

［66］ZHU W C,WEI C H,LIU J S,et al. A model of coal-gas interaction under variable temperatures［J］. International journal of coal geology,2011,86(2/3):213-221.

［67］BUMB A C,MCKEE C R. Gas-well testing in the presence of desorption for coalbed methane and Devonian shale［J］. SPE formation evaluation,1988,3(1):179-185.

［68］MANIK J,ERTEKIN T,KOHLER T E. Development and validation of a compositional coalbed simulator［C］//Canadian International Petroleum Conference. Calgary：Petroleum Society of Canada,2000.

［69］REEVES S,PEKOT L. Advanced reservoir modeling in desorption-controlled reservoirs ［M］. Keystone：［s. n.］,2001.

［70］ZHANG W D. Coupled fluid-flow and geomechanics for triple-porosity/dual-permeability modeling of coalbed methane recovery［J］. International journal of rock mechanics and mining sciences,2010,47(8):1242-1253.

［71］ANCELL K L,LAMBERT S,JOHNSON F S. Analysis of the coalbed degasification process at a seventeen well pattern in the warrior basin of Alabama［C］//All Days. May 18-21, 1980. Pittsburgh：Pennsylvania. SPE,1980.

［72］ ERTEKIN T,KING G R,SCHWERER F C. Dynamic gas slippage:a unique dual-mechanism approach to the flow of gas in tight formations[J]. SPE formation evaluation,1986,1(1):43-52.

［73］ THARAROOP P,KARPYN Z T,ERTEKIN T. Development of a multi-mechanistic,dual-porosity,dual-permeability,numerical flow model for coalbed methane reservoirs[J]. Journal of natural gas science and engineering,2012,8:121-131.

［74］ 尹光志,李铭辉,李生舟,等.基于含瓦斯煤岩固气耦合模型的钻孔抽采瓦斯三维数值模拟[J].煤炭学报,2013,38(4):535-541.

［75］ ZOU M J,WEI C T,YU H C,et al. Modeling and application of coalbed methane recovery performance based on a triple porosity/dual permeability model[J]. Journal of natural gas science and engineering,2015,22:679-688.

［76］ LUNARZEWSKI L. Gas emission prediction and recovery in underground coal mines[J]. International journal of coal geology,1998,35(1/2/3/4):117-145.

［77］ 瓦斯通风防灭火安全研究所.矿井瓦斯涌出量预测方法的发展与贡献[J].煤矿安全,2003,34(9):10-13.

［78］ 撒占友,何学秋,王恩元.基于自适应神经网络的采掘工作面瓦斯涌出量预测[J].煤炭学报,2001,26(增刊):96-99.

［79］ 张子戌,袁崇孚.瓦斯地质数学模型法预测矿井瓦斯涌出量研究[J].煤炭学报,1999,24(4):368-372.

［80］ 章立清,秦玉金,姜文忠,等.我国矿井瓦斯涌出量预测方法研究现状及展望[J].煤矿安全,2007,38(8):58-60.

［81］ 王兆丰.矿井瓦斯涌出量分源预测法及其应用[J].煤矿安全,1991,22(1):8-12.

［82］ 国家安全生产监督管理总局.矿井瓦斯涌出量预测方法:AQ 1018—2006[S].北京:应急管理社,2006.

［83］ 高建良,候三中.掘进工作面动态瓦斯压力分布及涌出规律[J].煤炭学报,2007,32(11):1127-1132.

［84］ 刘伟,宋怀涛,李晓飞.移动坐标下掘进工作面瓦斯涌出的无因次分析[J].煤炭学报,2015,40(4):882-887.

［85］ 肖庭延,于慎根,王彦飞.反问题的数值解法[M].北京:科学出版社,2003.

［86］ KIRSCH A. An introduction to the mathematical theory of inverse problems[M]. 2nd ed. New York:Springer,2011.

［87］ 聂百胜,杨涛,李祥春,等.煤粒瓦斯解吸扩散规律实验[J].中国矿业大学学报,2013,42(6):975-981.

［88］ NI G H,LIN B Q,ZHAI C,et al. Kinetic characteristics of coal gas desorption based on the pulsating injection[J]. International journal of mining science and technology,2014,24(5):631-636.

［89］ TANG X,LI Z Q,RIPEPININO,et al. Temperature-dependent diffusion process of methane through dry crushed coal[J]. Journal of natural gas science and engineering,2015,22:609-617.

［90］张玉军.围岩流变参数反分析方法[J].岩土工程学报,1990,12(6):84-90.

［91］邓乃扬,等.无约束最优化计算方法[M].北京:科学出版社,1982.

［92］陈宝林.最优化理论与算法[M].2版.北京:清华大学出版社,2005.

［93］GUASS K F. Theoria motus corporum coelistiam sectionibus conicis solemambientium, Werke[M].Hamburg:F. Pethes and I. H/Besser,1809.

［94］LEVENBERG K. A method for the solution of certain non-linear problems in least squares[J].Quarterly of applied mathematics,1944,2(2):164-168.

［95］MARQUARDT D W. An algorithm for least-squares estimation of nonlinear parameters [J].Journal of the society for industrial and applied mathematics,1963,11(2):431-441.

［96］FLETCHER R. A modified Marquardt subroutine for non-linear least squares[R]. Harwell:[s. n.],1971.

［97］诸梅芳,张健中.关于LMF算法的收敛性问题[J].计算数学,1982,4:182-192.

［98］李守巨,刘迎曦,孙伟.智能计算与参数反演[M].北京:科学出版社,2008.

［99］KANCA F,ISMAILOV M I. The inverse problem of finding the time-dependent diffusion coefficient of the heat equation from integral overdetermination data[J]. Inverse problems in science and engineering,2012,20(4):463-476.

［100］HASANOV A,OTELBAEV M,AKPAYEV B. Inverse heat conduction problems with boundary and final time measured output data[J]. Inverse problems in science and engineering,2011,19(7):985-1006.

［101］温瑾.几类抛物型方程逆问题的数值方法研究[D].兰州:兰州大学,2011.

［102］黄象鼎,曾钟刚,马亚南.非线性数值分析的理论与方法[M].武汉:武汉大学出版社,2004.

［103］肖翠娥.非线性数学物理方程反系数问题研究[D].长沙:中南大学,2011.

［104］邓醉茶.二阶退化抛物型方程的系数反问题的理论和数值算法研究[D].上海:复旦大学,2012.

［105］YANG L,DENG Z C,YU J N,et al. Optimization method for the inverse problem of reconstructing the source term in a parabolic equation [J]. Mathematics and computers in simulation,2009,80(2):314-326.

［106］KANCA F,ISMAILOV M I. The inverse problem of finding the time-dependent diffusion coefficient of the heat equation from integral overdetermination data[J]. Inverse problems in science and engineering,2012,20(4):463-476.

［107］郭文艳,艾克锋,邹学文,等.一类非线性抛物型方程反问题的正则迭代算法[J].西安理工大学学报,2008,24(1):71-74.

［108］HOANG QUAN P,DUC TRONG D. A nonlinearly backward heat problem:uniqueness, regularization and error estimate[J]. Applicable analysis,2006,85(6/7):641-657.

［109］柳陶.非线性扩散方程渗透率反演的多尺度方法研究[D].哈尔滨:哈尔滨工业大学,2014.

［110］CONG S,CHEN W,TING W. Numerical solution for an inverse heat source problem by an iterative method[J]. Applied mathematics and computation,2014,

244:577-597.

[111] 闫亮.不适定问题高效算法研究[D].兰州:兰州大学,2011.

[112] 袁亮.留巷钻孔法煤与瓦斯共采技术[J].煤炭学报,2008,33(8):898-902.

[113] 王魁军,张兴华.中国煤矿瓦斯抽采技术发展现状与前景[J].中国煤层气,2006,3(1):13-16.

[114] 杨安红.采空区瓦斯抽放技术研究[J].煤炭技术,2009,28(6):88-90.

[115] 王恩营.分层开采掘进工作面瓦斯涌出规律及预测[J].矿业安全与环保,2006,33(6):12-14.

[116] LES W LUNARZEWSKI L. Gas emission prediction and recovery in underground coal mines[J]. International journal of coal geology,1998,35(1/2/3/4):117-145.

[117] NOACK K. Control of gas emissions in underground coal mines[J]. International journal of coal geology,1998,35(1/2/3/4):57-82.

[118] 瓦斯通风防灭火安全研究所.矿井瓦斯涌出量预测方法的发展与贡献[J].煤矿安全,2003,34(增1):10-13.

[119] 卢成艺.多元线性模型在瓦斯赋存规律研究中的运用[J].中国高新技术企业,2010(22):145-146.

[120] 于不凡.煤和瓦斯突出机理[M].北京:煤炭工业出版社,1985.

[121] 李中锋.煤与瓦斯突出机理及其发生条件评述[J].煤炭科学技术,1997(11):44-47.

[122] 王恩义.煤与瓦斯突出机理研究[J].焦作工学院学报(自然科学版),2004,23(6):14-18.

[123] 霍多特.煤与瓦斯突出[M].宋士钊,等,译.北京:中国工业出版社,1966.

[124] PATERSON L. A model for outbursts in coal[J]. International journal of rock mechanics and mining sciences & geomechanics abstracts,1986,23(4):327-332.

[125] LAMA R D,BODZIONY J. Management of outburst in underground coal mines[J]. International journal of coal geology,1998,35(1/2/3/4):83-115.

[126] 徐涛,郝天轩,唐春安,等.含瓦斯煤岩突出过程数值模拟[J].中国安全科学学报,2005,15(1):108-110.

[127] 南存全,冯夏庭.基于SVM的煤与瓦斯突出区域预测研究[J].岩石力学与工程学报,2005,24(2):263-267.

[128] ZHANG R L,LAN S. The application of a coupled artificial neural network and fault tree analysis model to predict coal and gas outbursts[J]. International journal of coal geology,2010,84(2):141-152.

[129] 邓明,张国枢,陈清华.基于瓦斯涌出时间序列的煤与瓦斯突出预报[J].煤炭学报,2010,35(2):260-263.

[130] 刘保县,鲜学福,姜德义.煤与瓦斯延期突出机理及其预测预报的研究[J].岩石力学与工程学报,2002,21(5):647-650.

[131] FRID V. Electromagnetic radiation method for rock and gas outburst forecast[J]. Journal of applied geophysics,1997,38(2):97-104.

[132] 刘明举.含瓦斯煤断裂电磁辐射及其在煤与瓦斯突出研究中的应用[D].徐州:中国

矿业大学,1994.

[133] 何学秋,袁亮,王恩元,等.煤与瓦斯突出动态监测预警技术及系统[R].徐州:中国矿业大学,2006.

[134] 撒占友,何学秋,王恩元.煤与瓦斯突出危险性电磁辐射异常判识方法[J].煤炭学报,2008,33(12):1373-1376.

[135] 王恩元,何学秋,李忠辉,等.煤岩电磁辐射技术及其应用[M].北京:科学出版社,2009.

[136] 郭德勇,范金志,马世志,等.煤与瓦斯突出预测层次分析-模糊综合评判方法[J].北京科技大学学报,2007,14(7):660-664.

[137] 李春辉,陈日辉,苏恒瑜.BP神经网络在煤与瓦斯突出预测中的应用[J].矿冶,2010,19(3):21-23.

[138] 孙燕,杨胜强,王彬,等.用灰关联分析和神经网络方法预测煤与瓦斯突出[J].中国安全生产科学技术,2008,4(3):14-17.

[139] 汪宝贵.衡量煤层抽放瓦斯难易程度的指标[J].煤矿安全,1991,22(2):38-44.

[140] 周世宁,林柏泉.煤层瓦斯赋存与流动理论[M].北京:煤炭工业出版社,1999.

[141] 胡新成,杨胜强,周秀红,等.可拓学在煤层瓦斯抽放难易程度评价中的应用[J].煤炭科学技术,2011,39(10):69-71.

[142] 程远平,付建华,俞启香.中国煤矿瓦斯抽采技术的发展[J].采矿与安全工程学报,2009,26(2):127-140.

[143] 王峰,张明杰,窦书川.鹤煤九矿二₁煤层综合瓦斯抽放技术浅析[J].煤矿现代化,2011(2):67-69.

[144] 张慧,李小彦.中国煤的扫描电子显微镜研究[M].北京:地质出版社,2003.

[145] 傅雪海,秦勇,张万红,等.基于煤层气运移的煤孔隙分形分类及自然分类研究[J].科学通报,2005,50(B10):51-55.

[146] 董骏.基于等效物理结构的煤体瓦斯扩散特性及应用[D].徐州:中国矿业大学,2018.

[147] 李振涛.煤储层孔裂隙演化及对煤层气微观流动的影响[D].北京:中国地质大学(北京),2018.

[148] 苗得雨,白晓红.基于Matlab的土体SEM图像处理方法[J].水文地质工程地质,2014,41(6):141-146.

[149] 王宝军,施斌,蔡奕,等.基于GIS的黏性土SEM图像三维可视化与孔隙度计算[J].岩土力学,2008,29(1):251-255.

[150] 赵阳升,胡耀青.孔隙瓦斯作用下煤体有效应力规律的实验研究[J].岩土工程学报,1995,17(3):26-31.

[151] 张子敏,吴吟.中国煤矿瓦斯赋存构造逐级控制规律与分区划分[J].地学前缘,2013,20(2):237-245.

[152] 韩军,张宏伟.构造演化对煤与瓦斯突出的控制作用[J].煤炭学报,2010,35(7):1125-1130.

[153] 王猛,朱炎铭,陈尚斌,等.构造逐级控制模式下开滦矿区瓦斯分布[J].采矿与安全工

程学报,2012,29(6):899-904.

[154] 孟建瑞.用"构造逐级控制理论"对矿井地质构造进行分析[J].山西煤炭,2011,31(8):32-34.

[155] 范雯.金能煤矿瓦斯赋存规律研究[J].西安科技大学学报,2013,33(3):265-270.

[156] 王猛.河北省煤矿区瓦斯赋存的构造逐级控制[D].徐州:中国矿业大学,2012.

[157] 孔祥言.高等渗流力学[M].合肥:中国科学技术大学出版社,1999:249-252.

[158] 李前贵,康毅力,罗亚平.煤层气解吸-扩散-渗流过程的影响因素分析[J].煤田地质与勘探,2003(8):26-29.

[159] 钟玲文.中国煤储层压力特征[J].天然气工业,2003,23(5):132-134.

[160] 逄思宇,贺小黑.地应力对煤层气勘探与开发的影响[J].中国矿业,2014(增2):173-177.

[161] 何俊.煤岩吸附能力实验及影响因素研究[D].秦皇岛:燕山大学,2018.

[162] 孟艳军,汤达祯,许浩,等.煤层气解吸阶段划分方法及其意义[J].石油勘探与开发,2014,41(5):612-617.

[163] 梁冰.温度对煤的瓦斯吸附性能影响的试验研究[J].黑龙江矿业学院学报,2000(1):20-22.

[164] 曾社教,马东民,王鹏刚.温度变化对煤层气解吸效果的影响[J].西安科技大学学报,2009,29(4):449-453.

[165] 陈振宏,王一兵,宋岩,等.不同煤阶煤层气吸附、解吸特征差异对比[J].天然气工业,2008,28(3):30-33.

[166] 卢守青,王亮,秦立明.不同变质程度煤的吸附能力与吸附热力学特征分析[J].煤炭科学技术,2014,42(6):130-135.

[167] 降文萍,崔永君,张群,等.不同变质程度煤表面与甲烷相互作用的量子化学研究[J].煤炭学报,2007,32(3):292-295.

[168] 钟玲文.煤的吸附性能及影响因素[J].地球科学,2004,29(3):327-332.

[169] 聂百胜,柳先锋,郭建华,等.水分对煤体瓦斯解吸扩散的影响[J].中国矿业大学学报,2015,44(5):780-786.

[170] 桑树勋,朱炎铭,张时音,等.煤吸附气体的固气作用机理(I):煤孔隙结构与固气作用[J].天然气工业,2005,25(1):13-15.

[171] 孙维吉.不同孔径下瓦斯流动机理及模型研究[D].阜新:辽宁工程技术大学,2007.

[172] BIOT M A. Theory of deformation of a porous viscoelastic anisotropic solid[J]. Journal of applied physics,1956,27(5):459-467.

[173] 耶格,库克.岩石力学基础[M].中国科学院工程力学研究所,译.北京:科学出版社,1981.

[174] 秦积舜,李爱芬.油层物理学[M].青岛:中国石油大学出版社,2006.

[175] 姜德义,张广洋,胡耀华,等.有效应力对煤层气渗透率影响的研究[J].重庆大学学报(自然科学版),1997,20(5):22-25.

[176] 方志明,李小春,白冰.煤岩吸附量-变形-渗透系数同时测量方法研究[J].岩石力学与工程学报,2009,28(9):1828-1833.

[177] 王刚,程卫民,郭恒,等.瓦斯压力变化过程中煤体渗透率特性的研究[J].采矿与安全

工程学报,2012,29(5):735-739.

[178] 郭平.基于含瓦斯煤体渗流特性的研究及固—气耦合模型的构建[D].重庆:重庆大学,2010.

[179] 蒋承林,俞启香.煤与瓦斯突出的球壳失稳机理及防治技术[M].徐州:中国矿业大学出版社,1998.

[180] 王登科,刘建,尹光志,等.突出危险煤渗透性变化的影响因素探讨[J].岩土力学,2010,31(11):3469-3474.

[181] WANG D K,LIU J,YIN G Z,et al. Research on influencing factors of permeability change for outburst-prone coal[J]. Rock and soil mechanics,2011,31(11):3469-3474.

[182] 徐曾和,徐小荷,许继军.可变形多孔介质渗透系数的测定方法[J].实验力学,1998,13(3):314-320.

[183] KLINDENBERG L J. The permeability of porous media to liquids and ga-ses[J]. API drilling and production practices,1941(2):200-213.

[184] 黄象鼎,曾钟刚,马亚南.非线性数值分析的理论与方法[M].武汉:武汉大学出版社,2004.

[185] 魏培君,章梓茂,韩华.双相介质参数反演的遗传算法[J].固体力学学报,2002,23(4):459-462.

[186] 郭嗣琮,陈刚.信息科学中的软计算方法[M].沈阳:东北大学出版社,2001.

[187] 张德良.计算流体力学教程[M].北京:高等教育出版社,2010.

[188] 陶文铨.数值传热学[M].2版.西安:西安交通大学出版社,2001.

[189] E. JOHN FINNEMORE,JOSEPH B. FRANZINI. 流体力学及其工程应用[M].翼稷,周玉文,译.北京:机械工业出版社,2006.

[190] JOHN D,ANDERSON J R. 计算流体力学入门[M].姚朝晖,周强,编译.北京:清华大学出版社,2010.

[191] 朱红青,常文杰,张彬.回采工作面瓦斯涌出BP神经网络分源预测模型及应用[J].煤炭学报,2007,32(5):504-508.

[192] 吕伏,梁冰,孙维吉,等.基于主成分回归分析法的回采工作面瓦斯涌出量预测[J].煤炭学报,2012,37(1):113-116.

[193] 陈建宏,刘浪,周智勇,等.基于主成分分析与神经网络的采矿方法优选[J].中南大学学报(自然科学版),2010,41(5):1967-1972.

[194] 王旭,霍德利.主成分聚类分析法在煤矿安全评价中的应用[J].中国矿业,2009,18(2):86-104.

[195] 王德青.主成分聚类分析在矿井安全评价应用中的思考[J].中国矿业,2011,20(1):51-57.

[196] 张尧庭,方开泰.多元统计分析引论[M].北京:科学出版社,1982.

[197] 高惠璇.应用多元统计分析[M].北京:北京大学出版社,2005.

[198] DOUGLAS C. MONTGOMERY,ELIZABETH A. PECK,GEOFFREY VINING. G. 线性回归分析导论[M].王辰勇,译.北京:机械工业出版社,2016.

[199] 谢中华.MATLAB统计分析与应用:40个案例分析[M].北京:北京航空航天大学出

版社,2010.

[200] 徐涛,郝彬彬,张华.分源预测法在新建矿井瓦斯涌出量预测中的应用[J].煤炭技术,2009,28(7):104-106.

[201] 袁亮.瓦斯治理理念和煤与瓦斯共采技术[J].中国煤炭,2010(6):5-12.

[202] 王家臣.煤与瓦斯共采需解决的关键理论问题与研究现状[J].煤炭工程,2011,43(1):1-3.

[203] 程远平,俞启香,袁亮,等.煤与远程卸压瓦斯安全高效共采试验研究[J].中国矿业大学学报,2004,33(2):132-136.

[204] 袁亮.高瓦斯矿区复杂地质条件安全高效开采关键技术[J].煤炭学报,2006,31(2):174-178.

[205] 王魁军.矿井瓦斯防治技术优选-瓦斯涌出量预测与抽放[M].徐州:中国矿业大学出版社,2008:80-152.

[206] 曹树刚,徐阿猛,刘延保,等.基于灰色关联分析的煤矿安全综合评价[J].采矿与安全工程学报,2007,24(2):141-145.

[207] 郭德勇,李念友,裴大文,等.煤与瓦斯突出预测灰色理论-神经网络方法[J].北京科技大学学报,2007,14(4):354-357.

[208] 梁冰,秦冰,孙维吉.基于灰靶决策模型的煤与瓦斯突出可能性评价[J].煤炭学报,2011,36(12):1974-1978.

[209] 王超,宋大钊,杜学胜,等.煤与瓦斯突出预测的距离判别分析法及应用[J].采矿与安全工程学报,2009,26(4):470-474.

[210] 李运强.煤层潜在突出危险性评价技术的研究[D].北京:中国地质大学(北京),2006.

[211] 吕伏,梁冰,王岩,等.基于因子分析的开采层瓦斯抽采方法选择[J].中国安全生产科学技术,2014,10(7):26-31.

[212] 陈骋.基于多传感器的掘进面瓦斯动态监测系统研究[D].大连:大连理工大学,2017.

[213] 王书芹.基于深度学习的瓦斯时间序列预测与异常检测[D].徐州:中国矿业大学,2018.